"十三五"高等职业教育能源类专业规划教材

光伏电站智能化运维技术

主 编　张清小　葛　庆　张曙光

副主编　段静静　周湘杰　韩彦宝　张　扬　杨　瑞

主 审　李伟宏

中国铁道出版社有限公司

CHINA RAILWAY PUBLISHING HOUSE CO., LTD.

内 容 简 介

本书结合人工智能和大数据分析技术，通过分析大量光伏电站智能化运维中的实际应用案例，重点讲解了光伏电站O2O运维体系中的光伏电站运行与维护规程。全书共分6章，内容包括：集中式并网光伏电站概述、分布式并网光伏电站概述、光伏电站的运行与维护管理、光伏电站运行与维护常用工具、现场诊断中的光伏电站问题及案例、光伏电站远程诊断问题及案例。通过学习本书，读者可通过网络监控平台对光伏电站进行远程管理，并基于大数据分析对光伏电站进行诊断、维护、检测和维修。

本书适合作为高职院校和应用型本科院校能源类相关专业的教材，也可供从事光伏电站运行与维护及光伏电站工程应用方面的工程人员参考。

图书在版编目（CIP）数据

光伏电站智能化运维技术/张清小，葛庆，张曙光主编. —北京：
中国铁道出版社有限公司，2020.7（2024.6重印）
"十三五"高等职业教育能源类专业规划教材
ISBN 978-7-113-25897-9

Ⅰ.①光… Ⅱ.①张… ②葛… ③张… Ⅲ.光伏电站-智能系统-
运行-高等职业教育-教材 Ⅳ.①TM615

中国版本图书馆CIP数据核字（2020）第072709号

书　　名：光伏电站智能化运维技术
作　　者：张清小　葛　庆　张曙光

策　　划：李露露　　　　　　编辑部电话：（010）63560043
责任编辑：何红艳　彭立辉
封面设计：付　巍
封面制作：刘　颖
责任校对：张玉华
责任印制：樊启鹏

出版发行：中国铁道出版社有限公司（100054，北京市西城区右安门西街8号）
网　　址：https://www.tdpress.com/51eds/
印　　刷：三河市航远印刷有限公司
版　　次：2020年7月第1版　2024年6月第3次印刷
开　　本：787 mm×1 092 mm　1/16　印张：11.75　字数：266千
书　　号：ISBN 978-7-113-25897-9
定　　价：36.00元

　　光伏电站O2O（Online to Offline）运维模式即线上线下相结合的一种智能化运维模式，是"互联网+光伏"的典型应用。该模式通过线上远程网络监控诊断分析平台进行远程集中管理，并基于大数据分析对故障进行远程诊断，再通过线下团队进行维护、检测和维修，从而最大限度地降低运维成本、减少发电损失。

　　随着光伏电站建设规模、数量和建设地点的不断增加，光伏电站的建设质量问题、设备问题、安全问题也越来越多，给光伏电站的运行与维护带来了严峻挑战。此外，国内不同光伏电站的运维水平良莠不齐、运维管理体系不健全、运维人员和运维工器具不足，现有光伏电站运维的方法和技术效率不高，严重影响了光伏电站的投资收益，高效的智能化运维已成为我国光伏产业规模化发展的必然选择。

　　针对目前光伏电站设备数量多、故障率高且隐性故障定位困难、工作人员运维水平参差不齐等现状，国内外企业推出了"光伏电站远程诊断服务平台"。通过不间断的远程监控，利用大数据挖掘手段，能够快速、准确定位设备故障，并以远程诊断日报、周报和月报的形式指导、督促光伏电站运维人员进行设备故障抢修，缩短设备故障时长，从而提升运维工作效率，保障电站发电量。

　　本书围绕光伏电站的智能化运维技术，重点介绍了光伏电站O2O运维管理体系中光伏电站的运行与维护规程、光伏电站智能运维中影响发电量的因素和生产运行指标体系，并详细介绍了光伏电站智能化运维技术中的现场和远程检测诊断技术、智能化运维现场和远程诊断中的问题案例和分析等方面的内容。全书共分6章，内容包括：集中式并网光伏电站概述、分布式并网光伏电站概述、光伏电站的运行与维护管理、光伏电站运行与维护常用工具、现场诊断中的光伏电站问题及案例、光伏电站远程诊断问题及案例。

　　本书由张清小、葛庆、张曙光任主编，段静静、周湘杰、韩彦宝、张扬、杨瑞任副主编。其中：第1、2章由张清小编写，第3章由葛庆编写，第4~6章由张曙光、段静静、周湘杰、韩彦宝、张扬、杨瑞编写，全书由张清小统稿，李伟宏主审。

本书在编写的过程中得到北京木联能软件股份有限公司、意大利HT（中国）广州办事处、中国铁道出版社有限公司等单位的大力支持和帮助，在此表示衷心的感谢！另外，本书在编写过程中还参考了大量书籍和论文，在此对相关书籍和论文的作者致以诚挚的谢意。

由于时间仓促，编者水平有限，书中难免存在疏漏与不妥之处，恳请读者批评指正。

编　者

2020年1月

目 录

目
录

集中式并网光伏电站概述

- 了解光伏发电技术产生的时代背景和现实意义。
- 了解光伏发电的相关定义及光伏电站的分类和特点。
- 掌握集中式并网光伏电站的组成结构和特点。
- 掌握集中式并网光伏电站中各主要设备的组成结构功能和特点。

太阳能因其储量的无限性、存在的普遍性、利用的清洁性以及实用的经济性而成为21世纪最具潜力的可再生能源，作为太阳能光电转化利用形式的光伏发电产业对调整能源结构、推进能源生产和消费革命、促进生态文明建设具有重要的意义。本章在介绍光伏发电技术产生的时代背景、光伏发电的定义及光伏电站的分类和特点的基础上，重点阐述了集中式并网光伏电站组成、结构和特点，并简要分析了集中式并网光伏电站中各主要设备的组成结构、功能和特点，为后续集中式并网光伏电站智能化运维技术的学习打下基础。

1.1 光伏发电技术概述

1.1.1 光伏发电技术产生和发展的时代背景

能源是整个世界发展和经济增长的最基本的驱动力，是人类赖以生存的基础。18世纪英国率先开始的工业革命，其最大的特点是用煤炭燃料作为能源来替代人力，用机器生产来代替手工生产，从而大大促进了社会生产力的发展，推动了人类社会进入了现代文明时代。但自工业革命以来，能源安全问题就一直是人们不可忽视的重要问题。随着人类对能源需求的不断增加，能源安全逐渐与政治、经济和社会生活等方面的安全紧密地联系在一起，使得人类在享受能源所带来的科技进步、经济社会发展利益的同时，也遇到了一系列无法避免的能源安全挑战。其中一方面是能源的短缺，因为现在大规模使用的化石能源其储藏量是有限的，根据已探明的储量，全球石油可开采并供人类使用的储藏量大约只能维持45年，天然气约61年，煤炭大约230年，铀约71年。根据世界卫生组织评估，到2060年全球人口将达到100亿左右，如果到时所有人的能源消费量都达到今天发达国家的人均水平，地球上主要的35种矿物中，将有约三分之一的矿物在40年内消耗殆尽，包括石油、天然气、煤炭和铀，世界化石能源正面临着严重短缺的危机。另一方面，化石能源在开采、运输和使用过程中会对空气和人类生存环境造成严重的污染。根据相关资料显示，目前，由于大量使用化石能源，全世界每年产生约1亿吨温室效应气体，使得地球表面气温逐年升高，地球南、北两极的冰山逐渐融化，海平面不断上升，人类赖以生存的空间受到极大的威胁。由于全球气候变暖、生态环境恶化、常规的化石能源短缺以及对能源资源的争夺等问题，使得发展可再生的光伏能源得到各国政府的重视和支持，分别制定了各种各样的激励政策和措施，再加上光伏发电技术的不断进步，光伏发电产业和市场得以迅速发展。

1.1.2 光伏发电的原理和光伏电站的定义

1. 光伏发电的原理

光伏发电是利用半导体界面的光生伏特效应直接把太阳的辐射能转变为电能的一种技术。当太阳光照射到由P、N型两种半导体材料构成的光伏电池上时，其中一部分光线被反射，一部分光线被吸收，还有一部分光线透过电池片。被吸收的光能激发被束缚的高能级状态下的电子，产生电子－空穴对，在PN结的内建电场作用下，电子、空穴相互运动（见图1-1），N区的空穴向P区运动，P区的电子向N区运动，使光伏电池的受光面有大量负电荷（电子）积累，而在电池的背光面有大量正电荷（空穴）积累。若在电池两端接上负载，负载上就有电流通过，当光线一直照射时，负载上将源源不断地有电流流过。

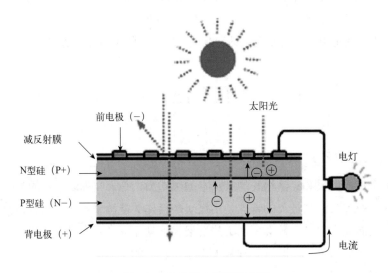

图1-1　光伏发电原理示意图

2. 光伏电站的定义

光伏发电系统是指直接将光能转变为电能的发电系统，而光伏电站是光伏发电系统的一种具体表现形式，它的主要部件是光伏电池、蓄电池、控制器和逆变器、升压装置等。其特点是可靠性高、使用寿命长、不污染环境、能独立发电又能并网运行。

1.1.3 光伏发电的优缺点

1. 光伏发电的优点

光伏发电具有以下几方面的优点:

① 可持续利用,不存在枯竭的风险。光伏所发电能来源于太阳能,而太阳能资源取之不尽,用之不竭。

② 光伏发电的电能损耗少。太阳能资源随处可得,可就近供电,不必长距离输送,避免了长距离输电线路所造成的电能损失。

③ 光伏发电的发电效率高。光伏发电的能量转换过程简单,是直接从光能到电能的转换,没有中间过程(如热能转换为机械能、机械能转换为电磁能等)和机械运动,不存在机械磨损,具有很高的理论发电效率,可达80%以上,技术开发潜力巨大。

④ 光伏发电安全清洁可靠,无污染、无噪声。光伏发电本身不使用燃料,不排放包括温室气体和其他废气在内的任何物质,不污染空气,不产生噪声,对环境友好,不会遭受能源危机或燃料市场不稳定而造成的冲击,是真正绿色环保的新型可再生能源。

⑤ 不受地域限制,安装形式灵活多样。只要有光照的地方就可以建设光伏电站,不受地域、海拔等因素的限制,可以安装在没有水的荒漠戈壁上,也可以与建筑物结合,构成光伏建筑一体化发电系统,不需要单独占地,可节省宝贵的土地资源。

⑥ 安装运行与维护简单方便。相对于火力发电和风力及水力发电系统来说,光伏电站的安装简单,运行更加稳定可靠,加上光伏电站的智能化监控系统,基本上可实现无人值守,维护起来更加简单方便且维护成本低。

⑦ 光伏电站工作性能稳定可靠,使用寿命长(30年以上)。晶体硅太阳能电池寿命可达20～35年。

⑧ 建设周期短。一个家用的光伏电站只要几天的时间就可以建设好,一个20 MW的光伏电站在一般情况下也只要半年左右的时间就可以建设完并交付使用。

2. 光伏发电的缺点

① 能量密度低。尽管太阳投向地球的能量总和极其巨大,但由于地球表面积很大,而且地球表面大部分被海洋覆盖,真正能够到达陆地表面的太阳能只有太阳辐射能量的10%左右,致使在陆地单位面积上能够直接获得的太阳能量较少。

② 占地面积大。由于太阳辐射到地球陆地表面的能量密度低,使得光伏电站的占地面积大,一个10 kW的光伏电站占地约100 m^2,平均每平方米的面积安装光伏电站的容量为100 W。

③ 光电转换效率低。光伏发电的基本单元是光伏电池,目前晶体硅光伏电池转换效率为15%～20%,非晶硅光伏电池只有7%～10%。由于光电转换效率太低,使光伏发电功率密度低,难以形成高功率发电系统。

④ 间歇性工作。在地球表面,光伏电站只能在白天发电,晚上不能发电,这和人们的用电需求不符。

⑤ 受气候和环境因素影响大。光伏发电的能源直接来源于太阳的辐射能,而地球表面的

太阳辐射能受气候的影响比较大，长期的雨雪天、阴天、雾天甚至云层的变化都会严重影响光伏电站的发电状态。另外，环境因素的影响也很大，如空气中的灰尘降落在光伏组件的表面，会阻挡部分光线的照射，从而导致光伏组件的转换效率降低，造成发电量的损失。

⑥ 地域依赖性强。地理位置不同，气候不同，各地区日照资源相差很大，光伏电站只有在太阳能资源丰富的地区效果才更好。

⑦ 系统成本高。到目前为止，光伏发电的成本仍然是其他常规发电方式（如火力和水力发电）的几倍，这是制约其广泛应用的最主要因素。

⑧ 晶体硅电池的制造过程高污染、高能耗。晶体硅电池的主要原料是纯净的硅。硅是地球上含量仅次于氧的元素，主要存在形式是沙子（二氧化硅）。从沙子一步步变成含量为99.999 9%以上纯度的晶体硅，期间要经过多道化学和物理工序的处理，不仅要消耗大量能源，还会造成一定的环境污染。

尽管太阳能光伏发电存在上述不足，但随着煤炭、石油、天然气等化石能源的日益紧缺，环境污染问题日益严峻，作为最具潜力的绿色能源，因其储量的无限性、存在的普遍性、利用的清洁性和实用的经济性，必将使得光伏发电技术拥有重要的研究价值和广阔的应用前景。

1.1.4　光伏电站的分类

1. 按光伏电站是否并网来划分

按光伏电站是否并网可分为离网光伏电站和并网光伏电站及带储能装置的离并网混合式光伏电站，其中并网光伏电站又可分为集中式并网光伏电站和分布式并网光伏电站。按是否并网进行划分的光伏电站分类图如图1-2所示。

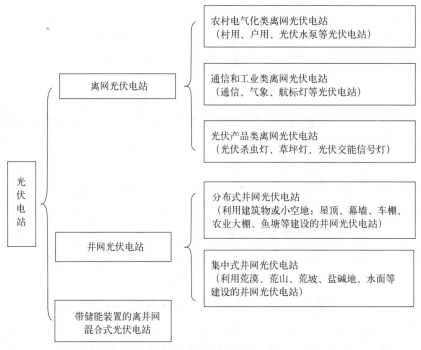

图1-2　按是否并网进行划分的光伏电站分类图

2. 按装机容量来划分

按装机容量来划分可分为小型光伏电站、中型光伏电站和大型光伏电站。其中，小型光伏电站是指装机容量小于或等于1 MWp的光伏电站；中型光伏电站是指装机容量大于1 MWp小于或等于30 MWp的光伏电站；大型光伏电站是指装机容量大于30 MWp的光伏电站。

3. 按光伏电站接入电网的电压等级来划分

按光伏电站接入电网的电压等级来划分可分为低压电网接入的光伏电站和中压电网、高压电网接入的光伏电站。其中，低压电网接入的光伏电站是指通过380 V及以下电压等级接入电网的光伏电站，该类电站所发电能一般是即发即用、多余的电能送入电网；中压电网接入的光伏电站是指通过10 kV或35 kV电压等级接入电网的电站，该类光伏电站要通过升压装置将电能馈入电网；高压电网接入的光伏电站是指通过66 kV及以上电压等级接入电网的光伏电站，该类电站也要通过升压装置才将电能馈入电网，并且要进行远距离的电能传输。

4. 按建设地点来划分

按建设地点来划分可分为地面光伏电站、屋顶光伏电站、农业大棚光伏电站、山坡光伏电站、水上光伏电站和漂浮式光伏电站，其对应的表现形式如图1-3所示。

(a) 地面光伏电站

(b) 屋顶光伏电站

(c) 农业大棚光伏电站

(d) 山坡光伏电站

(e) 水上光伏电站

(f) 漂浮式光伏电站

图1-3　按建设地点来进行划分的光伏电站分类图

1.2　集中式并网光伏电站的组成结构和特点

1.2.1　集中式并网光伏电站的组成结构

1. 依据设备在实际电站的分布来划分的集中式并网光伏电站组成结构

依据并网光伏电站设备在实际电站中的分布来划分集中式并网光伏电站的组成结构，可以大体上将集中式并网光伏电站划分为光伏生产区和集控中心两个部分。其中的光伏生产区又可细分为光伏阵列区、逆变房、箱式变电站房；集控中心可细分为生产楼和综合楼。其中，生产楼主要包含35 kV开关站（里面具体有35 kV进线柜、35 kV PT柜、35 kV出线柜、35 kV所用电变压器柜、35 kV消弧变压器柜、35 kV计量柜、35 kV消弧接地变压器成套装置、35 kV SVG（动态无功补偿及谐波治理装置）成套装置、站用变压器系统等；如需升压至110 kV，则还包括110 kV室外升压站）；综合楼内主要包含光伏电站的中控室、通信室、计算机机房、办公房、电工维护试验房（里面配置有一套检修、维护、校验电气设备的仪器、仪表）、会议室、库房、停车房，还包括职工宿舍、食堂、休闲运动房等。在一些规模不大的集中式并网光伏电站中，将生产楼和综合楼合二为一称为生产综合楼，能同时满足生产、办公、职工生活的需求。具体的组成结构划分图和组成结构实物构成示意图分别如图1-4、图1-5所示。

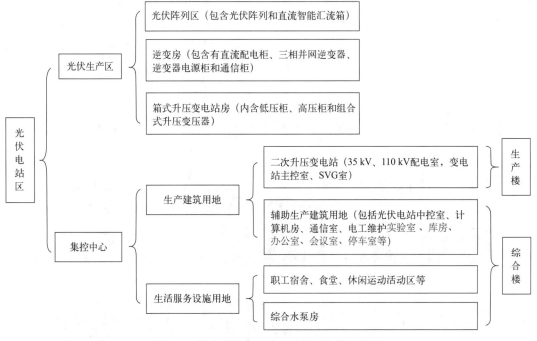

图1-4　集中式并网光伏电站组成结构划分图

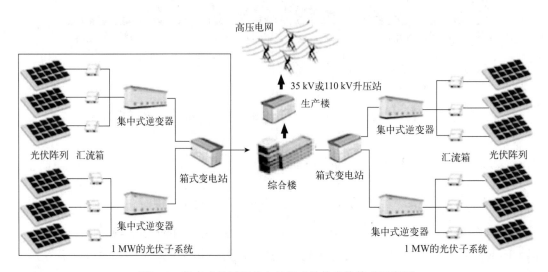

图1-5　集中式并网光伏电站组成结构实物构成示意图

2. 依据设备在实际电站的功能来划分的集中式并网光伏电站组成结构

依据设备在实际电站的功能来划分集中式并网光伏电站组成结构，可以将集中式并网光伏电站划分为电气一次系统和电气二次系统。光伏电站的电气一次系统是指光伏组件阵列、逆变器、升压变压器等设备组成的用来完成光伏发电、输电、变电、配电功能的系统。一次系统是供电系统的主体，其显著的特点具备高电压或大电流；二次系统是指由计算机监控和通信系统、继电保护和自动化系统、测量和信号采集系统所组成的用来完成对一次系统设备的监视、控制、保护和测量，使一次系统能安全经济地运行。具体的电气系统的组成结构图如图1-6所示。在图1-6中的电气一次系统概括起来主要包括电气设备主系统和站用电设备系统，电气设备主系统则主要包括了光伏阵列、直流智能汇流箱、交直流配电柜、并网逆变器、35 kV高压开关柜、35 kV进线柜、35 kV PT柜、35 kV并网出线柜、35 kV计量柜、35 kV站用变压器、35 kV SVG成套装置、35 kV消弧接地变压器成套装置、110 kV升压变压器、110 kV断路器、110 kV避雷器、110 kV隔离开关等设备；站用电设备系统即站用电源，一般采用双电源，一路引自升压站附近10 kV或35 kV公用电网线路，另一路由站内35 kV母线经降压变压器降压到400 V供电，两路电源互为备用；集中式并网光伏电站的电气二次系统又称集中式并网光伏电站的综合自动化系统，具体包括计算机监控系统、继电保护和自动化系统、测量和信号采集系统（电能表、电压和电流互感器等均直接通过光电转换器送至中控室的计算机监控系统，也可在本地进行显示）、直流电源系统、交流UPS不间断电源系统、火灾自动报警系统和视频安防监控系统等。具体的光伏电站电气一次、二次设备的分类及电气二次设备在集中式并网光伏电站中的分布图分别如图1-6和图1-7所示。图1-6中的直流电源屏又称免维护铅酸蓄电池成套直流电源系统，布置在综合楼中控室内，该直流电源系统能对计算机监控系统、断路器、通信设备及事故照明提供可靠的直流电源。该套直流装置由免维护铅酸蓄电池、直流馈线屏、充电设备等装置组成。图1-6中的UPS交流屏又称交流不间断供电电源，主要是用来向监控主机、网络设备、火灾报警系统、视频监控系统等设备提供交流工作电源。图1-6中的火灾报警设备分布在35 kV/110 kV升压站区域及各逆变器室，包括探测装置（点式或缆式探测器、手动报警器）、集中报警装置、电源装置和联动信号装置等，其集中报警装置布置在升压站主控制室内，探测点直接汇接至集中报警装置上，在35 kV/110 kV升压站区域内设备和房间及各逆变器室发生火警后，在集中报警装置上立即发出声光信号，并记录下火警地址和时间，经确认后可人工启动相应的消防设施组织灭火。图1-6中的视频监控设备主要分布在升压站、光伏方阵、逆变器场地等重要区域，主要是由区域的闭路电视监视点所组成的，能根据不同监视对象的范围或特点选用定焦或变焦监视镜头。各闭路电视监视点的视频信号通过图像宽带网，将视频信号处理、分配、传送至主控室内的监视器终端，并联网组成一个统一的覆盖集中式并网光伏电站全范围的闭路电视监视系统。

1.2.2 集中式并网光伏电站的特点

集中式并网光伏电站是利用荒漠、荒山、荒坡、盐碱地、水面等集中建设的大型并网光伏电站，其所发电能直接并入公共电网，经高压输配电系统进行远距离传输并供给远距离负荷。

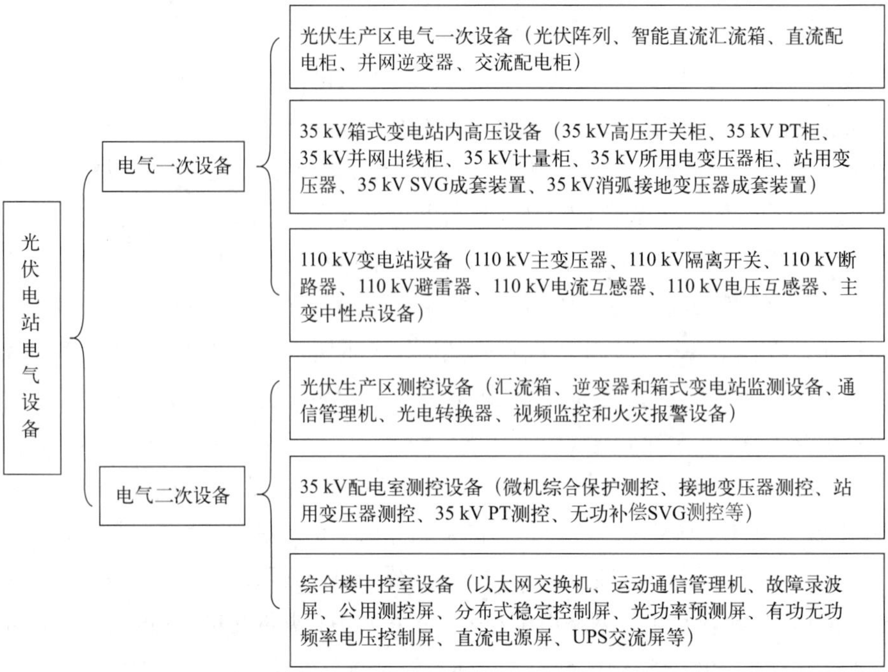

光伏电站电气设备
电气一次设备
电气二次设备
光伏生产区电气一次设备（光伏阵列、智能直流汇流箱、直流配电柜、并网逆变器、交流配电柜）
35 kV箱式变电站内高压设备（35 kV高压开关柜、35 kV PT柜、35 kV并网出线柜、35 kV计量柜、35 kV所用电变压器柜、站用变压器、35 kV SVG成套装置、35 kV消弧接地变压器成套装置）
110 kV变电站设备（110 kV主变压器、110 kV隔离开关、110 kV断路器、110 kV避雷器、110 kV电流互感器、110 kV电压互感器、主变中性点设备）
光伏生产区测控设备（汇流箱、逆变器和箱式变电站监测设备、通信管理机、光电转换器、视频监控和火灾报警设备）
35 kV配电室测控设备（微机综合保护测控、接地变压器测控、站用变压器测控、35 kV PT测控、无功补偿SVG测控等）
综合楼中控室设备（以太网交换机、运动通信管理机、故障录波屏、公用测控屏、分布式稳定控制屏、光功率预测屏、有功无功频率电压控制屏、直流电源屏、UPS交流屏等）

图1–6　集中式并网光伏电站电气设备构成图

操作员工作站
打印机
工程师工作站
监控主网（以太网）
光缆
光电转换器
光伏发电分区1通信管理机
箱变测控装置1台
逆变器监控模块
交流仪表2台
汇流箱监控模块
火灾报警系统
视频安防系统
RS-485总线
RS-485总线
光缆
光电转换器
光伏发电分区X通信管理机
箱变测控装置1台
逆变器监控模块
交流仪表2台
汇流箱监控模块
火灾报警系统
视频安防系统
RS-485总线
RS-485总线
地调
运动通信装置
通信管理机
GPS对时装置
以太网交换机
通信电源屏
中控室远动通信
微机综合保护测控装置
微机接地变保护测控装置
站用变压器综合测控装置
35 kV PT测控
SVG测控装置
通信交直流屏
35 kV配电室
35 kV母线保护屏
故障录波屏
公用测控屏
分布式稳定控制屏
光功率预测屏
有功无功频率电压控制屏
中控室

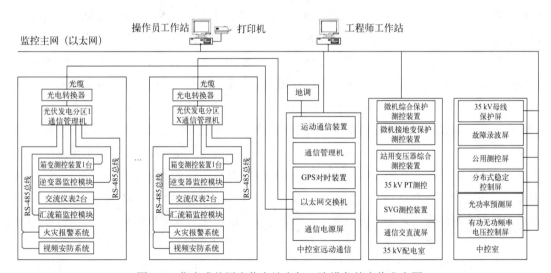

图1–7　集中式并网光伏电站电气二次设备的实物分布图

集中式并网光伏电站一般是国家级电站，主要特点是将所发电能直接输送到电网，由电网统一调配向用户供电。

1. 集中式并网光伏电站的优点

① 选址更加灵活，发电量较多，光伏输出的电能稳定性较好，削峰作用明显。

② 运行方式较为灵活，相对于分布式光伏电站来说可以更方便地进行无功功率和电压的控制，更容易实现电网频率调节。

③ 环境适应能力力强，不需要水源、燃煤等原料，运行成本低，便于集中管理，可以很容易地实现扩容。

2. 集中式并网光伏电站的缺点

① 需要占用大量的土地资源，需要依赖长距离输电线路，使得输电线路的损耗、电压跌落、无功补偿等问题比较突出。

② 大容量的光伏电站由多台变换装置组合实现，这些设备的协同工作需要进行统一管理，目前这方面技术尚不成熟。

③ 为保证电网安全，大容量的集中式并网光伏电站接入需要有低电压穿越（LVRT）等新的功能，这一技术往往与孤岛存在冲突。

1.3 集中式并网光伏电站智能化监控系统的组成结构和功能

1.3.1 集中式并网光伏电站智能化监控系统的组成结构

集中式并网光伏电站智能化监控系统是光伏电站运行数据采集、显示、传输、分析和处理等的综合智能化监控系统，该系统是以智能化电气设备为基础，以串行通信、光纤和以太网通信为载体，将光伏电池组件、并网逆变器、站级 0.315 kV/35 kV/110 kV 电气系统和输助系统的在线智能监测和控制设备组成一个实时网络，并通过网络内的控制信息来对光伏电站内的电气设备进行控制。同时，以采集的数据为基础进行分析处理，建立实时数据库、历史数据库，并完成报表制作、指标管理、保护定值分析与管理、设备故障预测及检测、设备状态检修等功能，以达到智能化运行与维护为目标的系统。

集中式并网光伏电站智能化监控系统在组成结构上主要包括中控室里的计算机监控系统、继电保护和自动化系统、测量和信号采集系统（包括电能表、电压和电流互感器等均直接通过光电转换器送至中控室的计算机监控系统，也可在本地进行显示）、电源系统、火灾自动报警系统和视频安防监控系统等，上述设备按照生产区域分别分布在站控层、间隔层、网络层和现场层四大部分。其中，站控层为全站设备监视、测量、控制、管理的中心，通过光缆或屏蔽双绞线与间隔层相连。间隔层按照不同的电压等级和电气隔离单元，分别布置在对应的开关柜内；在站控层及网络失效的情况下，间隔层仍能独立完成监视和控制功能。网络层用来联系现场层、间隔层与站控层，是全站的信号转换与通信联络层。现场层主要用来完成智能汇流箱、逆变器、箱式变电站的数据采集及数据信号的规约转换。站控层的主要设备包括主机、操作员站、远动工作站、工程师站、打印机、GPS 对时装置。间隔层的主要设备包括智能汇流箱数据采集处理装置、并网逆变器监控单元、环境参数采集仪以及全站一次设备所用的保护、测量、计量设备。网络层的主要设备包括网络设备及规约转换接口、以太网交换机等设备。现场层设备主要包括集成在汇流箱和逆变器内的数据采集和通信单元设备。集中式并网光伏电站智能化监控系统的组成结构如图 1-8 所示。

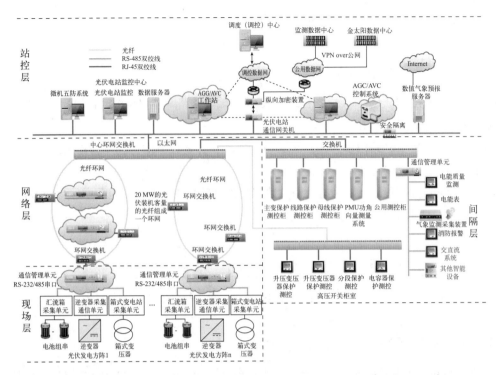

图1-8 集中式并网光伏电站智能化监控系统的组成结构

1.3.2 集中式并网光伏电站中智能化监控系统的功能

集中式并网光伏电站智能化监控系统在硬件上主要包括中控室中的计算机监控系统、光伏发电设备及逆变器等的测量和信号采集系统（包括电能表、电压和电流互感器等均直接通过光电转换器送至中控室的计算机监控系统，也可在本地进行显示）、箱式变电站和110 kV升压站的监控系统、继电保护装置、自动装置、电源系统、火灾自动报警系统、视频安防监控系统等。对应的各部分的功能分别如下：

1. 中控室中的计算机监控系统的功能

中控室中计算机监控系统的功能主要包括光伏电站运行数据采集、显示、数据传输等的综合监控系统。中控室中计算监控系统以智能化电气设备为基础，以串行通信总线（现场总线）为通信载体，将太阳电池组件、并网逆变器、站级0.27 kV/35 kV/110 kV电气系统和输助系统在线智能监测和监控设备等组成一个实时网络。通过网络内信息数据的流动，全面采集系统的电气数据进行监测，并可在特定条件下对站内电气电源部分进行控制。同时，以采集的数据为基础进行分析处理，建立实时数据库、历史数据库，完成报表制作、指标管理、保护定值分析与管理、设备故障预测及检测、设备状态检修等电站电气运行优化、控制及专业管理功能。计算机监控系统的主要功能有：①数据采集与处理功能；②安全检测与人机接口功能；③运行设备控制、断路器及隔离开关的分合闸操作、厂用系统的控制功能；④数据通信功能；⑤系统自诊断功能；⑥系统软件具有良好的可修改性，能很容易地增减或改变软件功能及方便升级；⑦自动报表及打印功能；⑧时钟系统。

2. 光伏发电设备及逆变器等的测量和信号采集系统的功能

光伏发电设备包括光伏阵列及直流汇流箱、直流柜、并网逆变器、交流柜等。其中的太阳电池组件不单独设监控保护；汇流箱对光伏组件的实时数据进行测量和采集，与逆变器共用一套监控系统，其信号通过逆变器监控系统采集。逆变器监控系统对信号进行分析处理，对太阳电池组件进行故障诊断和报警并及时发现汇流箱自身存在的问题。这些数据和处理结果通过通信控制层直接传输到站控层，由光伏电站运行人员进行集中远程监视和控制。具体的太阳电池组件及逆变器监控系统功能有：①中控室采用微机监控，对各太阳电池组件及逆变器进行监控和管理，在计算机显示屏或大屏幕液晶显示屏上显示运行状态、故障类型、电能累加等参数。由计算机控制太阳电池组件及逆变器与电力系统软并网，控制采用键盘、显示屏和打印机方式进行人机对话，运行人员可以操作键盘对太阳电池组件及逆变器进行监视和控制。②太阳电池组件及逆变器设有就地监控柜，可同样实现中控室中微机监控的内容。太阳电池组件及逆变器的保护和检测装置由厂家进行配置，如温升保护、过负荷保护、电网故障保护和传感器故障信号等。保护装置动作后使逆变器的出口断路器断开，并发出信号。③太阳电池组件及逆变器的远程监控系统设有多级访问权限控制，有权限的人员才能进行远程操作。

无论是中控室中的远程监控系统还是就地监控柜都可查看每台逆变器的运行参数和状态，主要包括：①直流电压、电流和功率；②交流电压和电流；③逆变器机内温度；④时钟和频率；⑤功率因数；⑥当前发电功率；⑦日发电量和累计发电量；⑧每天发电功率曲线图；⑨累计 CO_2 减排量；⑩监控所有逆变器的运行状态。

3. 箱式变电站和 110 kV 升压站的监控功能

每座箱式变电站的变压器的高压侧配置有负荷开关及高压插入式熔断器，低压侧配置有自动空气开关。110 kV 变电站进线设有户内成套金属封闭断路器一台，出线设断路器，配置一对接地隔离开关。上述断路器可以就地控制，也可以由计算机监控系统实施集中控制，其动作信号均送至中控室。此外，所有 35 kV 箱式变电站和 10 kV 开关柜应具有五防功能：①防带负荷分、合隔离开关；②防误分、合断路器；③防带电挂地线、合接地开关；④防带地线合隔离开关和断路器；⑤防误入带电间隔。

4. 继电保护装置的功能

与集成电路型模拟式保护相比，微机保护装置功能齐全、运行灵活、可靠性高、抗干扰能力强、具备自检功能、价格适中，且能方便地与电站计算机监控系统接口，故现在的集中并网型光伏电站一般采用微机型继电保护装置。微机型继电保护装置及对应的功能如下：

① 110 kV 变电站进线保护。进线设电流速断保护作为主保护，过电流保护作为后备保护。

② 35 kV 箱式变电站升压变压器保护。由于箱式变电站变压器高压侧为熔断器，低压侧为自动空气开关，当变压器过载或相间短路时，将断开高压侧熔断器与低压侧空气开关，因此不另配置保护装置。箱式变电站油浸变压器瓦斯信号、高压侧熔断器动作信号、低压侧自动开关动作信号均经逆变器室中的光电适配器送至中控室中的计算机监控系统。

③ 35 kV 厂用变压器保护。厂用箱式变电站中的变压器为干式变压器，由高压侧（35 kV）

第1章 集中式并网光伏电站概述

11

熔断器及低压侧自动开关实现保护。

④ 并网逆变器保护。并网逆变器为制造厂成套供货设备，设备中包含有欠电压保护、过电压保护、低频保护、孤岛保护、短路保护等功能。

⑤ 送出线的110 kV的保护功能。110 kV送出线装有小电流接地保护系统，为监视系统是否发生单相接地，在110 kV侧另配置有一套接地监测装置。

5. 自动装置的功能

对于110 kV送出线较短且采用架空线缆的情况，因发生瞬时故障的可能性极小，且逆变器不允许短时间频繁启动，故一般不配置自动重合闸装置。但须配置故障录波装置，其功能是录取故障时35 kV进出线、35 kV母线、110 kV出线的电流、电压等信号，供分析故障时使用。

6. 电源系统的功能

① 直流电源系统。在集中式并网光伏电站中一般配备有免维护铅酸蓄电池成套直流电源系统，布置在主控制室内，容量为$2 \times 100 \ A \cdot h$，电压220 V。该直流系统能对计算机监控系统、断路器、通信设备及事故照明提供可靠的直流电源。该套直流装置由免维护铅酸蓄电池、直流馈线屏、充电设备等装置组成。充电设备能够自动根据蓄电池的放电容量进行浮充电、均衡充电，并且能长期稳定运行。直流系统与微机监控系统有通信联系接口，并具有三遥功能。

② 交流不间断供电电源。一般的集中式并网光伏电站装备有一套容量为$3 \ kV \cdot A$的交流不停电电源，其功能是向监控主机、网络设备、火灾报警系统、闭路电视系统等设备提供交流工作电源。

7. 火灾自动报警系统的功能

一般的集中式并网光伏电站在35 kV/110 kV升压站区域及各逆变器室都装备有一套火灾报警系统，包括探测装置（点式或缆式探测器、手动报警器）、集中报警装置、电源装置和联动信号装置等。其集中报警装置布置在升压站主控制室内，探测点直接汇接至集中报警装置上。在35 kV/110 kV升压站区域内设备和房间及各逆变器室发生火警后，在集中报警装置上立即发出声光信号，并记录下火警地址和时间，经确认后可人工启动相应的消防设施组织灭火。拟采用联动控制方式对区域内主控室、配电室的通风机、空调等进行联动控制，并监控其反馈信号。

8. 视频安防监控系统的功能

一般的集中式并网光伏电站在升压站、光伏方阵、逆变器场地等重要部位设置闭路电视监视点，根据不同监视对象的范围或特点选用定焦或变焦监视镜头。各闭路电视监视点的视频信号通过图像宽带网，将视频信号处理、分配、传送至中控室内的监视器终端，并联网组成一个统一的覆盖本工程范围的闭路电视监视系统。

1.3.3 集中式并网光伏电站智能化监控系统的应用案例

以北京木联能新能源电站智能集中运维系统为例，该系统是利用计算机软件技术、计算机网络技术、自动监测与远程监测技术、通信技术和相关的专业技术，建立起的一套高效、稳定的智能化系统，为电站的正常运行和管理提供技术保障。系统结构上划分为两层：

第一层：总部集中管理中心层，实现对下属多个电站的统一监视和管理。

在公司总部搭建集中监管中心，部署集中生产运营管理系统，可接收下属各光伏电站和风电场上传的实时生产运行数据，远程实时监测下属各电站主要设备的运行情况，对电站的历史运行数据和故障缺陷进行多层次、多维度综合对比分析，评估电站生产运行情况，并提供全面的生产运行报表。

第二层：站端数据采集层，建设在电站本地，通过在生产控制一区部署通信管理机（部署数据采集、协议转换、数据转发等应用程序）接收电站SCADA（数据采集与监视控制系统）后台转发的逆变器、汇流箱、测风塔、升压站遥测和电能计量表（安全二区）、环境监测仪数据，并经过横向隔离装置（正向型）传输到管理信息区的生产运行服务器，位于服务器中的解析程序对传入的数据进行实时解析、入库和统计分析。具体的木联能新能源电站智能集中运维系统组成结构如图1-9所示。

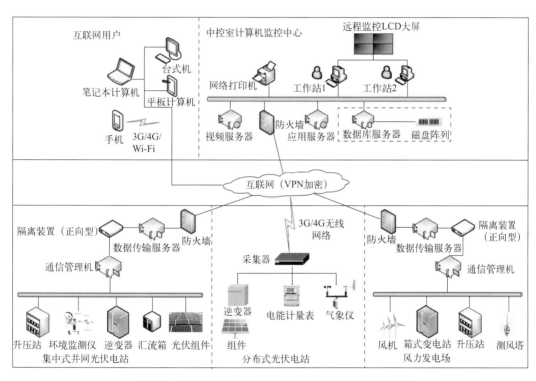

图1-9 木联能新能源电站智能集中运维系统组成结构

在图1-9所示的组成结构图中，通信网络是系统的重要组成部分，它为总部集中监管中心与电站信息管理中心之间的数据交换提供通道，其可靠性和稳定性直接影响系统的核心功能使用。系统选用互联网通道，开通防火墙的VPN加密传输功能，保证通信质量，确保传输稳定性和数据安全。同时，在光伏电站端的内部采用电站端局域网，划分为生产控制大区和信息管理大区。生产控制大区划分为安全一区和安全二区。安全一区、二区间部署防火墙，保证数据安全性。安全二区与安全三区之间配置正向隔离装置，保证网络安全。网络传输协议采用TCP/IP网络协议，网络传输速率不小于100 Mbit/s。整个系统的组网采用分布式框架，功能应用可在系统内任一节点上配置运行，具备高性能、可扩展等特点。系统设备包括数据库服务器、磁盘阵列、操作员站、应用服务器、工作站、防火墙、网络交换机等。这些设备硬件各自独立，数据库各自独立，共享站内的所有信息，这种功能划分的独立结构有利于系统中某处硬件、软件出现异常或退出运行时不致影响其他设备的正常工作，以提高系统的整体容错能力。

习　题

1. 什么是光伏电站？光伏电站包含哪几类？

2. 什么是集中式并网光伏电站？集中式并网光伏电站的特点有哪些？

3. 集中式并网光伏电站在硬件构成上包括哪几部分？各部分的功能是什么？

4. 集中式并网光伏电站的各个硬件在实际的光伏电站中是如何分布的？

5. 集中式并网光伏电站智能化监控系统由哪几部分组成？各部分的功能是什么？

6. 按照通信组网方式来分，集中式并网光伏电站智能化监控系统可以分为哪几类？各有什么特点？

7. 请列举几个实际的集中式并网光伏电站及其智能化监控系统的案例，并列举它们的异同点。

分布式并网光伏电站概述

- 掌握分布式并网光伏电站的定义和分类。
- 掌握不同类型的分布式并网光伏电站的组成结构和特点。
- 掌握集中式逆变器、组串式逆变器、多组串式逆变器与微逆变器的特点。
- 掌握分布式光伏电站智能化监控系统的组成、结构和特点。

本章首先介绍了分布式并网光伏电站的分类、组成结构和特点，接着介绍了分布式并网光伏电站与大型地面并网光伏电站在组成结构上的不同点，最后针对分布式并网光伏电站中广泛使用的各种逆变器及智能化运维监控系统进行了阐述，以便对分布式并网光伏电站的工作原理及工作过程有比较全面的认识，为分布式并网光伏电站的运行与维护打下坚实的基础。

2.1 分布式光伏发电相关的定义和分类

2.1.1 分布式光伏发电系统的定义和分类

1. 分布式光伏发电系统的定义

分布式光伏发电是指在用户所在场地或附近建设运行，以用户侧自发自用为主、多余电量上网且在配电网系统平衡调节为特征的光伏发电设施。

——《关于印发分布式光伏发电项目管理暂行办法的通知》（国能新能〔2013〕433号）

在此基础上，国家电网公司补充了2个条件：一是10 kV以下接入；二是单点规模低于6 MW。

——国网《关于印发分布式电源并网服务管理规则的通知》

利用建筑屋顶及附属场地建设的分布式光伏发电项目，在项目备案时可选择"自发自用、余电上网"或"全额上网"中的一种模式。在地面或利用农业大棚等无电力消费设施建设、以35千伏及以下电压等级接入电网（东北地区66千伏及以下）、单个项目容量不超过2万千瓦且发电量主要在并网点变电台区消纳的光伏电站项目，纳入分布式光伏发电规模指标管理。

——《关于进一步落实分布式光伏发电有关政策的通知》（国能综新能〔2014〕406号）

分布式光伏发电系统的定义体现为分布光伏发电系统的以下几个特征：

特征一：位于用户附近；特征二：10 kV及以下接入，对于渔光互补/农光互补为35 kV

（66 kV）及以下接入；特征三：接入配电网并在当地消纳；特征四：单点容量不超过6 MW（多点接入以最大为准），渔光互补/农光互补单点接入容量不超过20 MW。

2. 分布式光伏发电系统的分类

分布式光伏发电系统可以分为离网、并网及多能互补微电网型分布式光伏发电系统，具体的分类如图2-1所示。

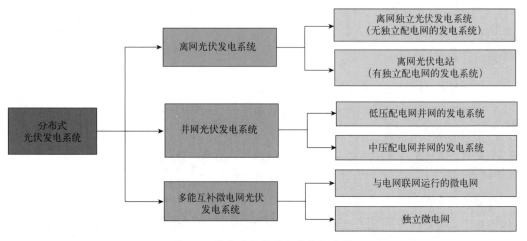

图2-1　分布式光伏发电系统的分类

2.1.2　分布式并网光伏电站的定义和分类

1. 分布式并网光伏电站的定义

凡是在低压电网和中压电网内网接入的分布式光伏电站都属于分布式并网光伏电站，应当按照分布式光伏发电程序申报，并按照分布式光伏项目进行设计、安装和管理。享受国家分布式光伏发电补贴政策，执行《光伏发电系统接入配电网技术规定》（GB/T 29319—2012）。

2. 分布式并网光伏电站的分类

分布式并网光伏电站的分类如图2-2所示。按照分布式光伏电站并网方式的不同可以分为低压并网型和中压并网型，其中低压并网型是指通过220 V或380 V电压等级接入电网，中压并网型则是通过10 kV及以下电压等级接入电网。国家标准《分布式电源配电网并网标准》中规定：接入电网的分布式电源装机容量不宜超过上一级变压器供电区域内最大允许负荷的25%。不同规模的分布式电源通过不同电压等级接入电网；通过220 V电压单相单点接入的分布式电源其装机容量不宜超过15 kW，通过380 V电压三相单点接入的装机容量不宜超过200 kW。分布式电源具备多个电压等级接入条件时，宜优先采用低电压等级接入。10 kV及以下电压等级单个并网点接入的分布式电源的装机容量应小于6 MW。分布式并网光伏电站按照安装位置来分又可以分为：建筑物型和小型地面型分布式并网光伏电站，其中建筑物型是指利用工业屋顶、商业屋顶及户用屋顶、幕墙、车棚、隔音墙、农业大棚等来建设的分布式并网光伏电路；小型地面型则是指利用鱼塘、海岛、边远地区和农村、其他公共设施提供的小空地来建设的分布式并网光伏电站。

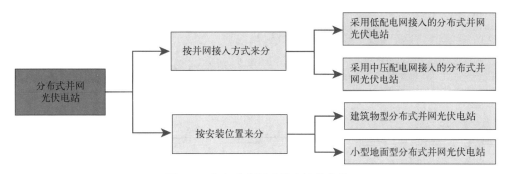

图2-2　分布式并网光伏电站的分类

2.2　分布式并网光伏电站的组成结构和特点

2.2.1　分布式并网光伏电站的组成结构和工作原理

1. 分布式并网光伏电站的组成结构

（1）装机容量低于200 kWp的分布式并网光伏电站

对于装机容量低于200 kWp的分布式并网光伏电站其组成结构基本都是一样的，以户用5 kW家用分布式并网光伏电站为例，装机容量低于200 kWp的分布式并网光伏电站的组成结构框图如图2-3所示，对应的组成结构效果图如图2-4所示。

从图2-3中可以看出，分布式并网光伏电站由光伏直流部分、逆变部分，计量部分等组成，其中光伏直流部分由光伏阵列组成，逆变部分为逆变器，计量部分则包括光伏发电计量电能表和双向电度表。

（2）装机容量大于200 kWp小于30 MWp的分布式并网光伏电站

装机容量大于200 kWp小于30 MWp的分布式并网光伏电站，对应的基本组成结构框图如图2-5所示。

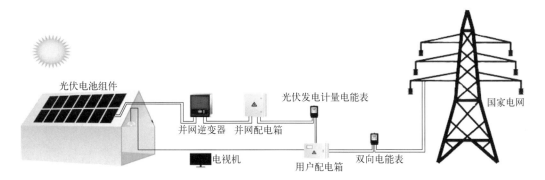

图2-3　5 kW家用分布式并网光伏电站的组成结构框图

图2-4 5 kW家用分布式并网光伏电站的组成结构效果图

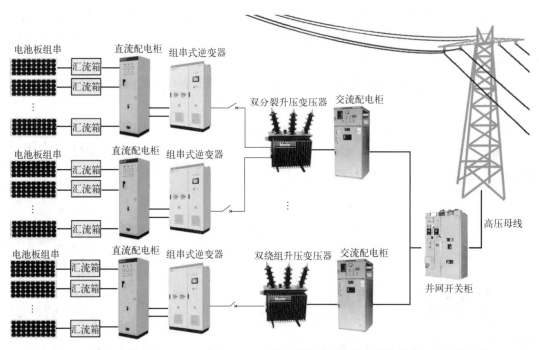

图2-5 装机容量大于200 kWp小于30 MWp的分布式并网光伏电站的基本组成结构框图

2. 分布式并网光伏电站的工作原理

以户型 5 kW 家用分布式并网光伏电站为例，分布式并网光伏电站的电气连接图如图 2-6 所示。

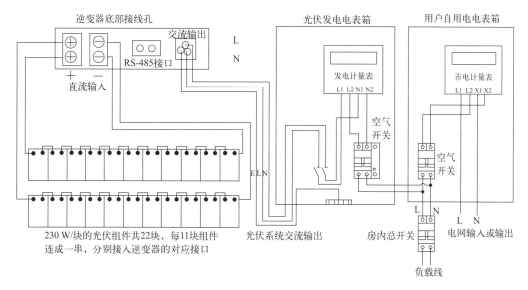

图2-6　分布式并网光伏电站的电气连接图

分布式并网光伏电站的工作原理：光伏组件将太阳能转化为直流电能，然后再通过并网逆变器将直流电转化为与电网同电压同频率的交流电供给用户直接使用或输送至国家电网，并通过电能表计量进行电量的结算。

2.2.2　分布式并网光伏电站的特点

1. 分布式并网光伏电站与集中式并网光伏电站的比较

与集中式并网光伏电站相比，分布式并网光伏电站具有投资较少、发电方式灵活、环保性能好等优点。集中式并网光伏电站与分布式并网光伏电站相比较，主要区别为离负荷中心较远，规模较大；而分布式并网光伏电站一般位于负荷中心附近，可就地消纳，规模也比较小。分布式并网光伏电站的基本特点是基于建筑物表面，就近解决用户的用电问题，通过并网实现供电差额的补偿与外送。其对应的优点如下：

① 处于用户侧，发电供给当地负荷，可以有效减少对电网供电的依赖，减少线路损耗。

② 充分利用建筑物表面，可以将光伏电池同时作为建筑材料，有效减少光伏电站的占地面积。

③ 拥有与智能电网和微电网的有效接口，运行灵活，适当条件下可以脱离电网独立运行。

④ 分布式并网光伏电站比集中式并网光伏电站节省系统并网接入费用、升压站建设费用、公共电网改造费用、前期申请规划费用。

⑤ 分布式自发自用，多余上传，能够确保电站的足额发电，不存在弃光风险。

分布式并网光伏电站的缺点：

① 配电网中的电流潮流方向会适时变化，逆潮流导致额外损耗，相关的保护都需要重新整定，变压器分接头需要不断变换等。

② 电压和无功调节困难，大容量光伏接入后功率因数的控制存在技术性难题，短路电流也将增大。

③ 需要使用配电网级的能量管理系统，在大规模光伏接入的情况下进行负载的统一管理。对二次设备和通信提出了新的要求，增加了系统的复杂性。

集中式并网光伏电站的基本特点是充分利用荒漠地区丰富和相对稳定的太阳能资源构建大型光伏电站，接入高压输电系统供给远距离负荷。

大型地面并网光伏电站的优点：

① 由于选址灵活，光伏电站稳定性有所增加，并且充分利用太阳辐射与用电负荷的正调峰特性，起到削峰的作用。

② 运行方式较为灵活，相对于分布式并网光伏电站可以更方便地进行无功和电压控制，参加电网频率调节也更容易实现。

③ 环境适应能力强，不需要水源、燃煤运输等原料保障，运行成本低，便于集中管理，受到空间的限制小，可以很容易地实现扩容。

集中式并网光伏电站的缺点：

① 需要依赖远距离输电线路送电入网，同时自身也是电网的一个较大的干扰源，输电线路的损耗、电压跌落、无功补偿等问题会更加突出。

② 大型地面并网光伏电站由于远离负荷中心，所发电能不能就地消纳，在用电低谷时段，会导致弃光弃电现象。

③ 大容量的光伏电站由多台变换装置组合实现，这些设备的协同工作需要进行统一管理，目前这方面技术尚不成熟。

④ 为保证电网安全，大型地面并网光伏电站接入需要有低电压穿越等新的功能，而这一技术往往与孤岛存在冲突。

除了上述不同点外，还存在着如表2-1所示的不同点。

表2-1　集中式并网光伏电站与分布式并网光伏电站的不同点

序　号	比 较 项 目	分布式并网光伏电站	集中式并网光伏电站
1	安装地点	多为城镇建筑物，环境影响较大，容量受限多	多为荒漠、荒山，环境影响小，容量一般较大
2	安装方式	一般为固定安装，倾角、朝向、间距时常受限	可以发展跟踪、聚光等技术
3	申报程序	简化、前期费用小	较烦琐，需要一定的费用
4	电网接入方式	一般低压侧接入，不需要升压设备，就地接入，损耗少	高压侧接入，需要升压和专用输电线路，增加投资及损耗
5	初始投资	除BIPV（光伏建筑一体化）成本较高外，一般情况下初始投资低，适合分散投资	单位千瓦初始投资一般高于分布式并网光伏电站，适合集中投资

总之，分布式并网光伏电站充分利用闲置屋顶、墙臂、阳台、农业大棚及其他小型空地进行发电并获取收益，以自发自用为主，富余电量卖给国家，实现经济和环境效益的双赢，并且获得了国家、省、市政策的大力支持，给予长期的专项资金补助，并且安装方便、维护简单、成本低、效率高、寿命长、节能环保，可实现可持续发展，造福子孙后代。

2. 分布式并网光伏屋顶电站的特点

分布式并网光伏屋顶电站是指利用厂房、公共建筑等屋顶资源开发的光伏电站，该类电站所安装的光伏组件朝向、倾角及阴影遮挡情况较复杂，规模受有效屋顶面积限制，装机容量一般在3 kWp ~ 20 MWp，是当前分布式光伏应用的主要形式，其所发电直接馈入低压配电网或35 kV及以下中压电网，基本能就地消纳。该类电站大致可以细分为工业、商业和户用并网光伏屋顶电站。

工业屋顶包括组串式逆变方案和集中式逆变方案两种架构形式，其中组串式逆变方案工业屋顶并网电站组成结构框图如图2-7所示。

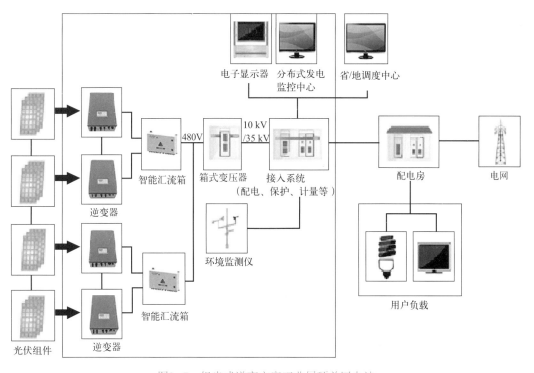

图2-7　组串式逆变方案工业屋顶并网电站

工业屋顶组串式逆变方案采用高效的组串式逆变器，具备多路MPPT（最大功率点跟踪），适合屋面不平整，朝向不一致的复杂应用场合，电站容量一般在300 kW以上，一般是10 kV或35 kV接入公共电网或用户电网。

集中式逆变方案的工业屋顶光伏并网电站则适合于屋面平坦、无遮挡的工业屋顶，一般采用10 kV或更高电压等级接入公共电网或用户电网，电站容量一般在兆瓦（MW）级以上，其组成结构框图如图2-8所示。

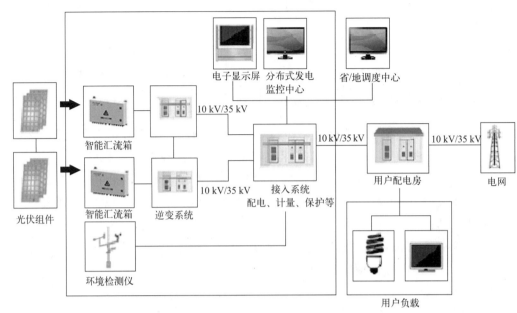

图2-8　集中式逆变方案的工业屋顶并网电站组成结构框图

商业屋顶和户用屋顶并网型光伏电站，一般采用组串式且具备多路MPPT的逆变方案，其中商业屋顶组串式逆变方案采用380 V电压等级接入公共电网或用户电网，常见于屋面不平整、朝向不一致的商用建筑、中小型建筑屋顶，电站容量一般在200 kW左右。其组成结构框图如图2-9所示。

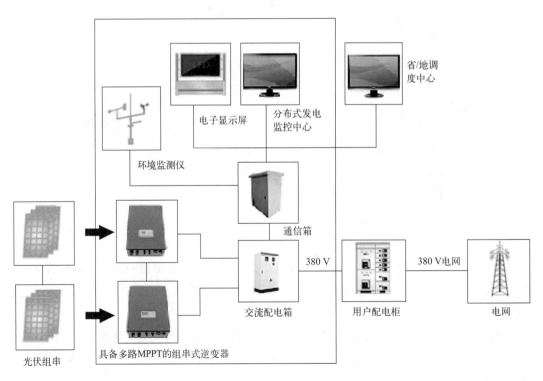

图2-9　组串式商用屋顶光伏并网电站组成结构框图

户用屋顶组串式方案采用220 V电压等级接入公共电网或用户电网，常见于住宅、别墅屋顶，电站容量一般在3~10 kW之间，户用屋顶光伏并网电站的组成结构框图如图2-10所示。

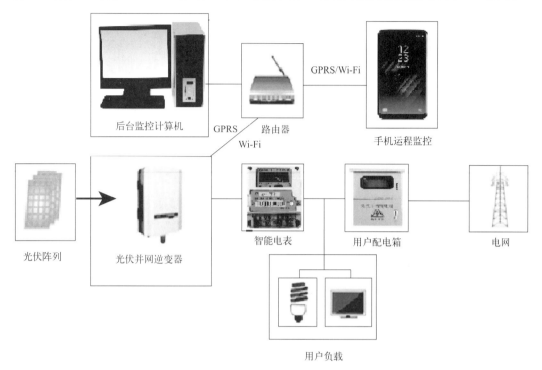

图2-10　组串式户用屋顶光伏并网电站组成结构框图

3. 农光互补和渔光互补式分布式并网光伏电站的特点

农光互补和渔光互补分布式并网光伏电站是利用光伏发电无污染、零排放的特点，与高科技大棚（包括农业种植大棚和养殖大棚）有机结合，在大棚的部分或全部向阳面上铺设光伏发电装置，它既具有发电能力，又能为农作物及畜牧养殖提供适宜的生长环境，以此创造更好的经济效益和社会效益，目前主要有光伏农业大棚、光伏养殖大棚、水上漂浮及水上固定式分布式并网光伏电站等几种形式。农光互补和渔光互补分布式并网光伏电站的外观图分别如图2-11和图2-12所示。

图2-11　农光互补分布式并网光伏电站外观图

图2-12　渔光互补分布式并网光伏电站外观图

农光互补和渔光互补式分布式并网光伏电站在组成结构上具有不同的特点，对于以380 V电压等级接入电网，容量在300 kW左右的鱼塘、农业大棚其对应的组成结构图如图2-13所示。

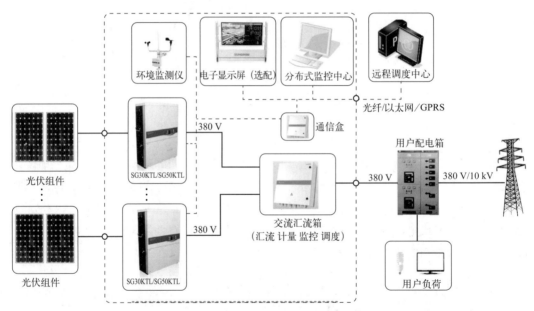

图2-13　接入380 V电网，容量为300 kW左右的鱼塘、农业大棚等
的光伏电站组成结构图

对于地势不平、有遮挡、接入10 kV/35 kV电网、容量兆瓦级以上的渔光互补和农光互补式分布式并网光伏电站，其组成结构上的特点如图2-14所示。

对于地势平坦、无遮挡、接入10 kV/35 kV电网，容量在MW级以上的渔光互补和农光互补式分布式并网光伏电站，其组成结构上的特点如图2-15所示。图中 P 指电能中的有功功率。

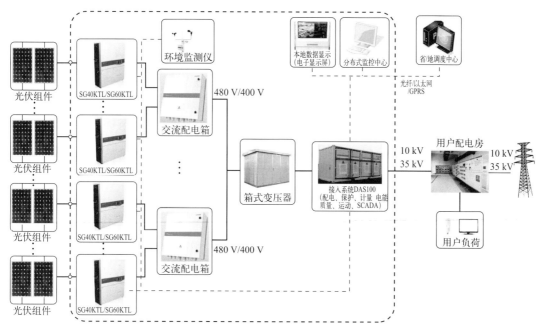

图2-14　地势不平、有遮挡，容量为兆瓦级以上的渔光互补和农光互补
分布式并网光伏电站组成结构特点图

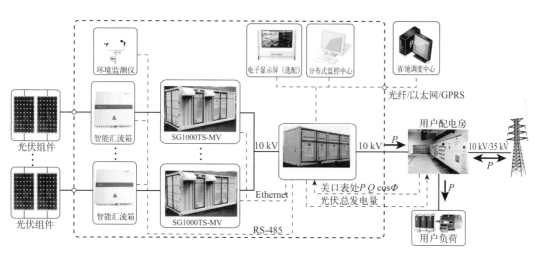

图2-15　地势平坦、无遮挡，容量为MW级以上的渔光互补和农光
互补分布式并网光伏电站组成结构特点图

农光互补和渔光互补分布式并网光伏电站的特点总结如图2-16所示。

针对上述所有分布式并网光伏电站，其对应的特点总结如图2-17所示。

电站类型	特点	使用的逆变器	说明
小型鱼塘、农业大棚	·容量30 kW以内 ·并入220 V或380 V电网	组串式样 微型逆变器	·微型逆变器具有单机功率小，MPPT数量多，可以有效解决失配及提高发电量，但成本高； ·组串式逆变器具有质量小、无噪声，通信灵活、成本低等优点，适用于大面积安装。
中型鱼塘、农业大棚	·容量一般在300 kW左右 ·并入380 V电网	组串式 400 V输出 480 V输出（10k V并网）	·对于400 V并网的，可选择输出电压等级为400 V的组串式逆变器，直接并网； ·对于需要10 kV并网点，可选择480 V输出的组串逆变器，经过升压后并入10 kV。
大型鱼塘、农业大棚	·容量在20 MW以内 ·并入10 kV或35 kV电网	组串式SG40/60KTL 集中式逆变SG1000T	·对于存在朝向和遮挡问题的屋顶和山地电站，可以优先选择多路MPPT的组串式逆变器； ·部分无遮挡或存在承重等问题屋顶、平坦的山地等，可以考虑集中式

图2-16　农光互补和渔光互补分布式并网光伏电站的特点总结

图2-17　分布式并网光伏电站特点总结图

2.3　分布式光伏电站智能化监控系统

2.3.1　分布式光伏电站智能化监控系统的组成结构

分布式光伏电站智能化监控系统的组成结构图如图2-18所示。

图2-18 分布式光伏电站智能化监控系统组成结构图

2.3.2 分布式光伏电站智能化监控系统的功能

分布式光伏电站智能化监控系统可以提升集团对下属小型分布式电站的综合管理水平，实现无人值守以及基于设备状态的区域监管模式，达到提高资产利用率、减少运行维护成本、提高集团经济效益、增强市场竞争力的目的；需要集团管理人员运用先进的科学管理理念，借助智能化的集中监管平台实现分布式电站的集中管理，解决小型分布式电站分布分散、设备众多、信息收集不完整和不及时导致的技术创新推进较慢，整体规划和决策缺少科学依据的问题；需要运维人员借助智能化的集中管理平台，快速准确地定位故障并及时，保证电站长期、稳定的发电收益。分布式光伏电站智能化监控系统的特点如下：

① 采用O2O运营模式。线上：集中监管+远程诊断；线下：现场检修+按需服务。

② 逆变器、电表运行状态智能告警。

③ 电量、收益以及逆变器运行数据的综合统计分析。

④ 高效、稳定的数据采集器，支持断点续传与对时。

⑤ 提供高效并发的实时数据库存取方式。

⑥ 云平台弹性低成本，IT基础设施投资下降50%、运维人力减少80%、部署实施周期减少90%；最佳网络体验，多线BPG网络无忧互通、移动加速与内容分发网络、DDOS攻击极限防护；精准大数据分析，基于云计算的一站式大数据分析与整合；支持共建O2O行业生态体系，从而真正实现集团分布式电站群的集中监管，实时掌握电站运行状态；为集团优化管理、投资规划、设备选型提供决策支持；可实现无人值守、基于设备状态检修的运维方式；

计算机、手机等多种访问方式，随时、随地掌控电站运行情况。具体的监控界面如图2-19所示。

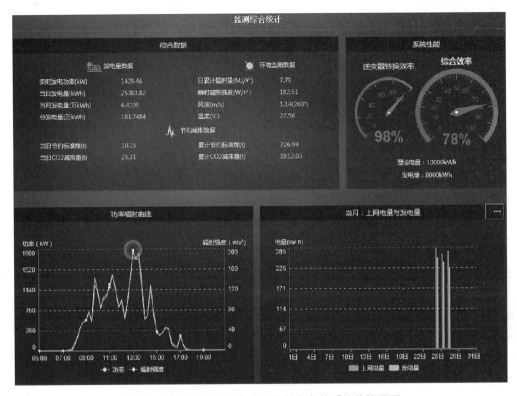

图2-19　分布式并网光伏电站智能化监控系统监控界面

分布式并网光伏电站智能化监控系统的主要功能如下：

① 实时监测。运维人员可对其所有电站进行实时监测，及时了解电站设备的运行情况，快速准确地定位故障并及时消缺，提高消缺效率，保证发电量。

② 统计报表。包括发电量报表、逆变器运行报表等，为用户提供小型分布式电站的运行和电量统计信息。以电站为单位统计电表电量情况。集团管理人员可通过电表电量的统计结果，对电站的运行情况、建设质量、资源情况进行再评估，并及时纠偏；运维人员可通过电量对比结果进行预防性维护。以电站为单位统计各电表的尖、峰、平、谷电量及收益。集团管理人员可通过电量和收益的统计结果，掌握每个电站的收益情况。以电站为单位统计逆变器的各项运行指标。集团管理人员可通过逆变器指标的统计结果，对设备的稳定性、安全性进行再评估，为逆变器的选型提供参考；运维人员可通过指标对比结果，对设备进行预防性维护。

③ 移动应用。通过移动端，集团管理人员可实时监测每个电站的运行状态，监督运维人员工作；可通过移动端查看其所管辖电站的发电量统计报表。运维人员可以远程诊断故障，及时消缺。

2.4　分布式光伏电站的并网方式

1. 并网接入方式

并网光伏电站接入电网的方式依据其容量不同而不同，对于安装容量小于或等于200 kWp 小型并网光伏电站，是通过电压等级为0.4 kV的低压配电网接入电网的；对于安装容量大于 200 kWp 和小于或等于30 MWp的中型并网光伏电站，是通过电压等级为10 kV 或 35 kV 的配 电网接入电网的；对于安装容量大于30 MWp的大型光伏电站，是通过电压等级为110 kV 或 220 kV 及以上的配电网或输电网接入电网的。具体的光伏电站的装机容量与电压接入等级的 关系如表2-2所示。

表2-2　光伏电站的装机容量与电压接入等级的关系

总装机容量 G	电 压 等 级
$G \leqslant 200\ \text{kWp}$	400 V
$200\ \text{kWp} < G \leqslant 3\ \text{MWp}$	10 kV
$3\ \text{MWp} < G \leqslant 10\ \text{MWp}$	10 kV 或 35 kV
$10\ \text{MWp} < G \leqslant 30\ \text{MWp}$	35 kV
$G > 30\ \text{MWp}$	110 kV 或 220 kV

2. 并网接入主要设备配置

并网光伏电站的主要接入设备依并网电压等级的不同而有所差异，具体的设备配置如 表2-3所示。

表2-3　并网主要设备配置表

序 号	并网接入电压等级	并网接入主要设备
1	0.4 kV	低压配电柜
2	10 kV	低压开关柜：提供并网接口，具有分断功能 ① 双绕组升压变压器：0.4 kV/10 kV ② 双分裂升压变压器：0.27 kV/0.27 kV/10 kV 高压开关柜：计量、开关、保护及监控
3	35 kV	低压开关柜：提供并网接口，具有分断功能 ① 双绕组升压变压器：0.4 kV/10 kV，10/35 kV（二次升压）0.4 kV/35 kV（一次升压） ② 双分裂升压变压器：0.27 kV/0.27 kV/10 kV、10 kV/35 kV 高压开关柜：计量、开关、保护及监控

2.5 分布式并网发电的发展现状和发展趋势

1. 分布式并网发电的发展现状

2020年9月，在第75届联合国大会上，我国提出实施"3060计划"，即2030年碳排放达峰，2060年实现碳中和的宏伟目标。迈入"十四五"之后，在碳达峰碳中和目标的支撑下，新能源迎来的全速发展的新周期，国家政策、地方规划密集出台，国有企业强势加入，直接推动光伏电站投资进入白热化。目前我国已建立了较好的太阳能电池制造产业基础，太阳能电池产能、产量已居全球首位，太阳能电池成本也已形成了国际竞争优势。在太阳能电池制造产业规模化发展同时，太阳能电池成本也实现了快速下降，使得我国具备了高质量发展光伏产业的条件。

大力发展光伏已经成为实现碳达峰碳中和的必然选择，以及国家促投资、扩内需、稳增长的重要政策工具。继2022年交出新增装机87.41GW创历史新高的成绩单后，2023年我国光伏装机量有望进一步攀高，刷新世界纪录。据不完全统计，2022年以来，已有69家公司跨界到光伏行业。从密度上来看，几乎每月都有企业宣布进军光伏领域，其中2月达到高峰，共有14家企业先后宣布进入光伏；4月、5月先后有10家企业向光伏领域聚集；除了9月仅有1家以外，其他月份宣布跨界光伏的企业均在3家及以上。

2. 分布式并网发电的发展趋势

光伏分布式并网发电是一种新型的、具有广阔发展前景的发电和能源综合利用方式，它倡导就近发电，就近并网，就近转换，就近使用的原则，不仅能够有效提高同等规模光伏电站的发电量，同时还有效解决了电力在升压及长途运输中的损耗问题。

从"受制于人"到"全球领先"，经过不断的技术创新和产能扩张，中国光伏已发展成为全球最具竞争力的产业之一，多晶硅、硅片、电池和组件占全球产量的70%以上。2022年以来，国内多部门都持续出台政策，大力支持包括光伏在内的可再生能源的开发与利用，政策利好之下，国内光伏装机量维持在高水平增长。按照行业装机趋势，到2022年底光伏发电装机有望突破3.9亿千瓦，叠加2023年普遍预期的超过100GW年度新增装机，到2023年底光伏发电装机或将突破5亿千瓦，大概率超越水电成为全国第二大电源。从光伏行业未来的走势来看，仍然围绕着供求的因素博弈。同时，对于光伏产业而言，技术是主导产业降本增效最主要的因素，因此围绕着先进技术产能的投产以及落后技术产能的淘汰，新技术也将长期成为影响光伏长期走势的最重要因素之一。此前，国家能源局在2023年能源工作会议上设立新能源发展目标时表示，到2023年底，预计国内太阳能发电装机规模达4.9亿千瓦左右，同比增长超33%。截至目前，我国已有30个省市区明确了"十四五"期间的光伏装机规划，其中26个省市区光伏新增装机规模将超4.06亿千瓦。

综上所述，我国在分布式光伏发电方面具有非常广阔的前景，并且基于政策的推动，将会出现新一轮分布式光伏发电的安装热潮。

习　题

1. 分布式并网光伏电站分为哪几种？每种类型的分布式并网光伏电站在组成结构上有哪些不同点？

2. 集中式并网光伏电站与分布式并网光伏电站有哪些不同点？

3. 分布式并网光伏电站智能化监控系统由哪些部分组成？各部分的功能是什么？

4. 集中式并网光伏电站智能化监控系统与分布式并网光伏电站有何异同？各有什么特点？

5. 分布式并网光伏电站的并网接入方式有哪些？针对不同类型的并网接入方式所采用的并网接入设备有什么不同？

6. 分布式光伏电站未来将朝着什么样的方向发展？为什么？

第❸章

→ **光伏电站的运行与维护管理**

📝 学习目标

- 掌握光伏电站智能化运维的概念及传统电力系统运维与现代智能化运维的区别。
- 掌握光伏电站 O2O 运维管理体系的组成和特点。
- 掌握光伏电站运维人员的管理方法。
- 掌握光伏电站日常运维作业规范。
- 掌握光伏电站设备巡检方法。
- 掌握光伏电站设备运维规程。
- 掌握光伏电站智能化运维规范。

　　本章首先介绍了光伏电站智能化运维的相关概念、发展趋势及传统电力系统运维与现代智能化运维的区别，接着介绍了光伏电站 O2O 运维管理体系的组成结构和特点、光伏电站运维人员构成及其管理、考核方法和安全管理方法，并针对光伏电站运维人员的日常运维作业规范、光伏电站设备运维规程及设备巡检方法进行了介绍，最后针对光伏电站智能化运维的方法和规范进行了分析。

3.1　光伏电站智能化运维简介

　　光伏电站的生命周期达 25 年，其中 3~6 个月是建设期，后面近 25 年的时间都是运维期，电站的收益在建成后，主要通过运维来保证收益。通常来说，前期的电站设计和建设质量是保证电站收益的基础，后期的电站运维则是保证电站收益的关键。如果没有高质量的运维，电站收益的保证就无从谈起，就无法保证电站收益的最大化。

3.1.1　光伏电站运维发展历程及发展现状

1. 光伏电站运维的发展历程

光伏电站的发展趋势如图 3-1 所示。

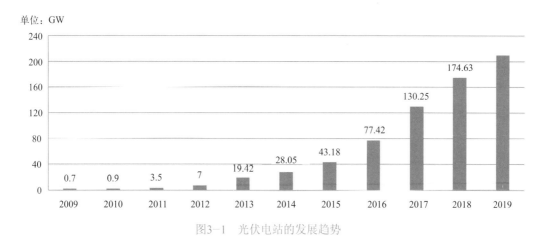

2009—2019年光伏装机容量

单位：GW

图3-1　光伏电站的发展趋势

随着光伏产业的蓬勃发展，光伏电站业主对光伏电站运维的需求在发生变化，运维的目标也随之变化，2009年之前，国内的光伏电站主要为小微型示范电站，基本没有运维目标；2009—2013年，主要是一次性补贴下的金太阳光伏电站项目，运维目标主要是设备的完整性，对收益并无要求；2013—2018年，电站收益主要是基于度电补贴，运维目标主要是达到设计要求，基本满足设计收益；2018年至今，随着光伏电站无补贴平价上网工作的推进，运维目标为电站收益的最大化，进而为电站的资产证券化提供基础。并且，随着电站设备、系统等智能化及大数据、人工智能技术的发展，电站的运维也向智能化方向发展。

2. 光伏电站运维现状

（1）设备智能化

光伏电站相关设备的智能化，以汇流箱为例，第一代汇流箱仅具有汇流、防雷的作用；第二代汇流箱具有汇流、防雷、监控支路电流与电压的功能；第三代汇流箱除兼具以上特点外，还具有太阳能汇流监控、失效报警及无线传输等功能。

（2）电站监控系统智能化

电站的监控系统也在不断地演变，从传统监控发展为智能化监控；随着电站数量增多，分布广泛，从单一的本地监控发展为集团、区域多个电站的集中监控系统，并且大数据分析技术、人工智能技术的发展为集团化的智能集中运维提供了技术支撑。

（3）清洗方式的自动化

作为电站运维的重要环节，组件清洗方式从传统的人工清洗发展到半自动清洗机，再到清洗车、附着式清洗机、清洗机器人，已逐步实现了清洗方式的自动化。

3.1.2　光伏电站传统运维方式及问题和难点

1. 传统电力监控系统

由于光伏电站的遥信、遥测数据点数量多，传统电力监控系统无法实现对遥信量与遥测量的有效监测、有效分析，无法实现对逆变器、汇流箱等电站设备的深度运行分析，缺少电量统计、故障统计等内容，光伏电站运维的智能化和实时性较差。传统电力监控系统的监控界面如图3-2所示。

一区8号方阵汇流箱监视														
不同时间电流	1#汇流箱	2#汇流箱	3#汇流箱	4#汇流箱	5#汇流箱	6#汇流箱	7#汇流箱	8#汇流箱	9#汇流箱	10#汇流箱	11#汇流箱	12#汇流箱	13#汇流箱	14#汇流箱
电流1	3.54	3.53	3.54	3.55	3.60	3.64	3.74	3.54	3.53	3.64	3.51	3.53	3.57	3.56
电流2	3.52	3.54	3.56	3.60	3.64	3.44	3.48	3.58	3.54	3.53	3.52	3.51	3.56	3.54
电流3	3.55	3.58	3.59	3.60	3.61	3.62	3.64	3.58	3.49	3.57	3.58	3.56	3.52	3.64
电流4	3.60	3.54	3.61	3.54	3.52	3.64	3.56	3.60	3.43	3.56	3.60	3.54	3.50	3.52
电流5	3.64	3.58	3.62	3.45	3.54	3.54	3.58	3.61	3.51	3.58	3.54	3.57	3.54	3.56
电流6	3.54	3.59	3.60	3.58	3.56	3.62	3.48	3.54	3.43	3.58	3.54	3.52	3.56	3.58
电流7	3.58	3.60	3.61	3.46	3.54	3.64	3.52	3.64	3.44	3.52	3.54	3.55	3.58	3.60
电流8	3.59	3.61	3.67	3.48	3.55	3.68	3.54	3.52	3.47	3.56	3.52	3.54	3.50	3.58
电流9	3.67	3.54	3.70	3.52	3.58	3.70	3.58	3.54	3.49	3.58	3.58	3.57	3.54	3.56
电流10	3.65	3.52	3.72	3.54	3.46	3.74	3.60	3.62	3.52	3.54	3.60	3.59	3.52	3.56
电流11	3.44	3.54	3.74	3.56	3.48	3.63	3.64	3.64	3.52	3.56	3.61	3.50	3.52	3.56
电流12	3.48	3.56	3.80	3.51	3.49	3.64	3.68	3.57	3.56	3.52	3.64	3.58	3.56	3.52
总电流	42.8	42.73	43.76	42.8	42.39	43.53	43.04	42.98	41.95	42.7	42.8	42.56	42.47	42.78
总电压	515	564	538	539	542	550	551	525	535	536	546	548	550	548
总功率	22.04	24.1	23.54	23.07	22.98	23.94	23.72	22.56	22.44	22.89	23.37	23.32	23.36	23.44
温度	25	25	25	25	25	25	25	25	25	25	25	25	25	25
熔断器告警	1#汇流箱	2#汇流箱	3#汇流箱	4#汇流箱	5#汇流箱	6#汇流箱	7#汇流箱	8#汇流箱	9#汇流箱	10#汇流箱	11#汇流箱	12#汇流箱	13#汇流箱	14#汇流箱
1路	正常	正常	正常	正常	正常	正常	正常	正常	正常	正常	正常	正常	正常	正常
2路	正常	正常	正常	正常	正常	正常	正常	正常	正常	正常	正常	正常	正常	正常
3路	正常	正常	正常	正常	正常	正常	正常	正常	正常	正常	正常	正常	正常	正常
4路	正常	正常	正常	正常	正常	正常	正常	正常	正常	正常	正常	正常	正常	正常
5路	正常	正常	正常	正常	正常	正常	正常	正常	正常	正常	正常	正常	正常	正常
6路	正常	正常	正常	正常	正常	正常	正常	正常	正常	正常	正常	正常	正常	正常
7路	正常	正常	正常	正常	正常	正常	正常	正常	正常	正常	正常	正常	正常	正常
8路	正常	正常	正常	正常	正常	正常	正常	正常	正常	正常	正常	正常	正常	正常
9路	正常	正常	正常	正常	正常	正常	正常	正常	正常	正常	正常	正常	正常	正常
10路	正常	正常	正常	正常	正常	正常	正常	正常	正常	正常	正常	正常	正常	正常
11路	正常	正常	正常	正常	正常	正常	正常	正常	正常	正常	正常	正常	正常	正常
12路	正常	正常	正常	正常	正常	正常	正常	正常	正常	正常	正常	正常	正常	正常

图3-2　传统电力监控系统的监控界面

图3-2为传统监控系统的一个方阵的监视图，展示了多条支路的电流情况。对于一个100 MW的光伏电站，传统监控系统有100个监控界面，且100个界面的数据时刻都在变化，需要现场监控人员实时观察，故障报警智能化差，无法满足当前运维要求。

2. 传统的人工巡检方式

传统的人工巡检方式，针对光伏电站由人工巡检，逐方阵逐条支路进行排查。以1 MW方阵为例，约224条支路，人工巡检需要3小时。20 MW的光伏电站约4 480条支路，人工巡检需要60小时。借助传统的光伏电站监控系统定位异常电流支路，一个20 MW的光伏电站如果由1名工程师进行查找、定位并记录异常电流支路需耗时2小时；一个320 MW的光伏电站如果由1名工程师查找、定位并记录异常电流支路，大约需要耗时4天。

3. 光伏电站传统运维方式的问题和难点

① 由于设计、设备、施工建设等缺陷，大大增加了运维工作的难度。

② 部分运维管理者对电站运维认识程度不够，无法有效组织系统性运维管理工作流程。

③ 电站运维人员缺少对光伏直流发电系统的基本知识，不能快速规范地响应运维活动。

④ 传统电力监控软件，无法满足光伏发电特殊的生产要求，致使管理效率低，影响发电能力。

⑤ 缺少直观反映电站运行状态的数据指标，致使电站运维工作无法客观评定。

3.1.3 现代智能化运维方式简介

光伏电站的运维有很多问题和难点，传统的运维方式耗时耗力、效率低下，严重影响了光伏电站的投资收益，因此高效的智能化运维已成为我国光伏产业规模化发展的必然选择。

智能化运维的核心是基于互联网技术、大数据分析及人工智能技术，通过线上线下相结合的方式来进行运维即为O2O运维模式。

1. O2O运维模式简介

光伏电站O2O运维模式，是基于光伏电站设备数量多（故障点多）且不易快速定位、工作环境差及人员流动性频繁等特点，首先通过线上平台进行远程集中管理，故障远程诊断，然后通过线下团队的维护、检修，即O2O的运维模式，从而最大限度降低运维成本、减少发电量的损失。O2O运维模式的概念图如图3-3所示。

图3-3　O2O运维模式的概念图

O2O运维模式的运维理念是指标引领、及时纠偏、闭环管理、规范高效、大数据提升，即通过分析电站的运行指标来保证电站的运行质量。当电站出现故障时，电站运行指标即出现偏差，通过及时报警并处理故障，使指标回到正常水平，从而保证电站稳定运行。为确保故障得到解决，尤其是对于总部、区域公司等多级管理方式，需要进行闭环管理。考虑到电站人员的水平及流动性，通过标准化的操作规范可以高效地解决问题，通过大数据技术分析电站运行数据，不断优化电站的运行指标。O2O运维的理念图如图3-4所示。

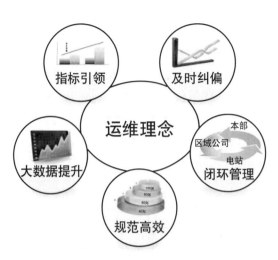

图3-4　O2O运维的理念图

O2O运维模式包括科学的运维管理体系、智能化运维平台、专业的工器具及专业的运维团队等关键因素。O2O运维体系的要素如图3-5所示。

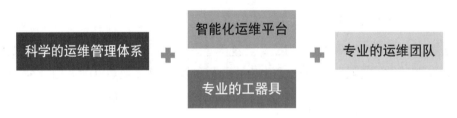

图3-5　O2O运维体系的要素

O2O运维模式工作流程如图3-6所示。

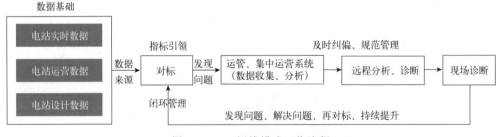

图3-6　O2O运维模式工作流程

2. 智能化运维技术

作为O2O运维模式的关键因素,智能化运维技术主要采用了人工智能技术及大数据分析技术,以用户为中心,通过提高电站运维水平,达到提升光伏电站收益的目的。

（1）人工智能技术

① 智能数据采集。系统采用机器视觉技术对采集数据进行数据清洗,从而实现采集数据正确性校验及补充。系统根据设置的清洗条件,对异常数据进行剔除和过滤,并对缺失数据进行补充,从而保证采集数据的准确性和完整性,为后期的数据分析提供基础保障。

② 智能故障告警。系统以光伏电站大量故障信息及其产生原因为基础数据，进行模型训练，建立新能源电站常见告警信息及产生原因模型库；利用智能搜索及推理技术，对各电站的实时运行数据及历史数据进行全面分析，及时获取各电站的隐藏故障并进行告警提示。常见的隐藏故障告警信息包括数据越限、设备告警、遥信变位、设备故障、库存不足、亚健康设备、可提升节点等，从而使用户在第一时间了解电站存在的异常信息。

③ 自动创建并分派缺陷。系统结合实时采集数据和历史数据分析结果，利用自主学习技术感知电站存在故障信息，并结合故障内容自动创建缺陷单。同时，系统根据移动单中的设备定位各运维人员实时位置，将缺陷单智能分配给离故障点最近的人员，从而最大限度地提升运维效率并降低故障时长。

④ 智能巡检。系统与移动单无缝对接，实现可视化智能巡检作业，有效进行远程巡检指挥、巡检轨迹监测、巡检过程回放、巡检任务下发、巡检结果反馈等工作，实时掌握巡检工作的进度及结果，增强巡检工作的稳定性、可靠性、可控性，确保巡检工作的质量，有效降低事故发生率，提高人员的工作效率。

⑤ 智能趋势分析。系统结合大量光伏电站的历史辐射数据和电量数据，通过数据挖掘与推理技术建立了准确可靠的预测模型，从而对电站25年全生命周期的发电量、收益等信息进行预测，为电站的计划发电量提供数据依据。

（2）大数据分析技术

① 基于大数据分析技术的性能分析。系统通过对海量历史数据进行分析，结合软计算、图谱分析、分析决策等技术，获得光伏电站的合理电量损失比例、综合效率、设备性能、电站能耗等关键健康指标。

② 基于大数据技术的对标平台。系统通过分析各电站生产运行数据，提供全面的对标功能，从发电、损耗、运维等多方面进行单电站纵向对标和多电站横向对标，从而发现电站不足，持续优化电站的运行。

3.2 光伏电站O2O运维管理体系文件的组成和特点

3.2.1 光伏电站O2O运维管理体系文件的组成

按照分类管理和易于查找的原则，光伏电站O2O运维管理体系文件具体划分为体系纲领文件、管理制度文件、运维作业指导书文件和作业记录与分析报告文件四部分，其体系架构如图3-7所示。

其中的体系纲领文件，确定了整个光伏电站运维管理的方针与目标、机构与职责和管理要求，是整个光伏电站运维活动的总纲领，属于整个体系的一级纲领文件；管理制度文件则从人员管理、设备管理、备品备件管理、工器具管理、安全管理、两票管理、生产运营管理和档案资料管理全面制定管理制度和作业规范，具体制定各运维活动所要求的职能、责任和权限，属于整个体系的二级文件；运维作业指导书文件则在光伏电站日常运维作业、设备巡检、设备运维、设备检修、现场安全工作和O2O智能化运维六方面给出具体的运维作业指导书，属于整个体系的三级支持性文件；作业记录与分析报告文件则包括整个电站运维期间所有运维作业记录、运维分析报告，对所有活动都具有可追溯性，属于整个体系的四级记录性文件。

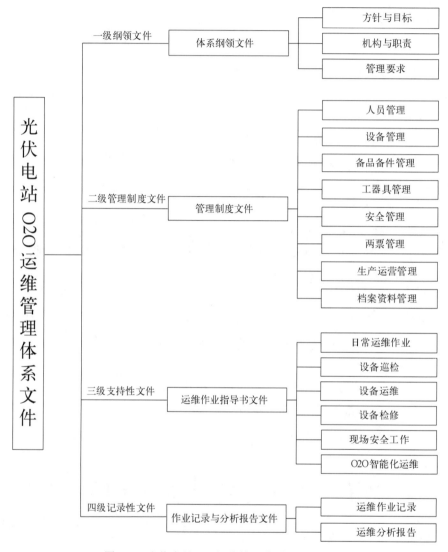

图3-7　光伏电站O2O运维管理体系文件架构图

3.2.2　光伏电站O2O运维管理体系的特点

1.　可控制的管理流程

从电站实际情况出发，通过完善的运维管理方案和制度文件，做到运维流程清晰、可控。

2.　可执行的操作方法

以电站设备特性和电网要求规范为基础，通过规范化的作业指导书和规范性文件，做到运维操作安全、规范。

3. 可控制的运维成本

通过合理的运维计划安排和快速响应机制，使整个运维环节成本保持在可控范围。

4. 可评价的电站指标

管理体系中用来评价光伏电站的指标有：光伏电站可利用率、设备缺陷消缺率、电站系统效率、等效利用小时数、发电计划完成率、综合厂用电量、故障弃光损失电量、限电弃光损失电量、故障弃光率、限电弃光率等。

总之，光伏电站O2O运维管理体系旨在提供完善的管理制度、规范化的作业流程、标准化的作业指导书、O2O运维管理模式和可评价的电站生产运营指标，为光伏电站实现高效、规范和安全运维提供参考依据。以光伏电站资产安全和生产安全为前提，通过规范化运维管理，使电站系统效能最大化，在成本及风险可控的基础上，确保电站投资回报。

3.3　光伏电站运维人员的管理方法

光伏相关集团或企业内光伏电站运维人员与单个光伏电站内运维人员的组织架构是不相同的，本节在分析集团及企业内及单个光伏电站内运维人员组织机构和相关岗位要求和职责的基础上，对光伏电站运维人员的考核管理办法进行了介绍。

3.3.1　光伏电站运维人员组织机构及岗位职责和要求

1. 集团或企业内光伏电站运维人员组织机构

集团或企业内光伏电站运维人员包括：电站站长、值班长（主值班员）、值班员、技术安全员和数据分析师，其对应的具体组织机构如图3-8所示。

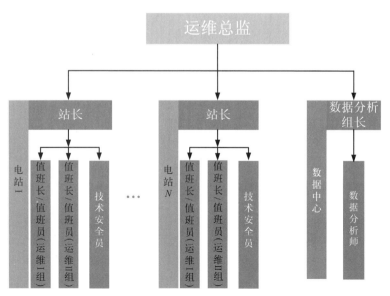

图3-8　集团或企业内光伏电站运维人员组织机构图

2. 集团或企业内光伏电站运维岗位的职责和要求

集团或企业内光伏电站运维岗位的职责和要求如表3-1所示。

表3-1 集团或企业内光伏电站运维岗位的职责和要求表

岗 位	职 责	任 职 要 求
站长	① 贯彻执行国家有关生产方针、政策、法规和公司有关规定，对电站的安全、稳定运行和直接经营成果负责； ② 负责落实所辖电站的经营计划，并参与计划评审，对计划产生的相关费用以及计划的必要性、及时性、准确性和结果的有效性负责； ③ 负责电站运行人员的管理工作；负责运维人员的月度、年度考核工作； ④ 担任设备治理、消缺工作的第一负责人； ⑤ 负责电站运行数据的核实、审批、归档工作； ⑥ 负责与上级领导的汇报工作	① 电力系统、电力系统及自动化、计算机等相关专业本科及以上学历，有高压电工证，特种作业许可证优先； ② 5年以上电力运行、检修或管理经验，其中至少2年以上值班长或1年以上站长工作经验； ③ 熟知电站运行安全规程相关事宜，具有较强的人员管理能力； ④ 熟悉发电设备专业技术、光伏电站及电气系统工作原理，掌握光伏电站运行规程，能判断和鉴定常见电气设备故障和缺陷； ⑤ 较好的文字功底，思维清晰，反映敏捷
值班长	① 电站设备运行参数的监视和统计管理； ② 电站设备的巡视和检查管理； ③ 当日电站运行数据管理； ④ 安排设备的定期维护工作； ⑤ 负责做好下属人员的工作分配；运维人员的值班纪律管理；负责本值员工的考核、激励、评价工作； ⑥ 负责上级交办的其他工作	① 学历专业：大专及以上学历，光伏发电技术、电气工程、机电一体化等专业毕业； ② 工作经验：3年以上光伏电站或厂区配电站相关运行岗位工作经验； ③ 其他要求：身体状况良好，熟悉电力生产安全知识； ④ 有电工证，持有高压进网作业许可证
技术安全员	① 落实安全措施，排除电站安全隐患； ② 负责电站生产过程的交接班、巡回检查、倒闸操作、事故处理、设备维修、设备运行状态监督、调整等各项技术指导工作； ③ 负责电站生产过程中与电网调度联系、协调工作； ④ 在值班期间监督值班员认真填写各种记录，按时抄录各种数据；受理操作票，并办理工作许可手续； ⑤ 负责电站的文明生产工作	① 电力系统、供电专业或相关专业大专及以上学历； ② 熟悉电力系统发供电设备的原理、运行、维修； ③ 熟悉电力生产工作流程，熟悉电力生产规章制度； ④ 动手能力强，肯吃苦耐劳，具有较强的组织能力； ⑤ 有高压电工证，特种作业许可证优先
值班员	① 建立建全完整的技术档案资料，并建立电站运行档案； ② 定期对电站进行巡检，并做好相应的记录； ③ 要定期对设备进行除尘，保持设备清洁，保持太阳能电池板的采光面的清洁； ④ 定期巡检高低压线路及设备，及时发现缺陷，及时进行整改处理，保证线路安全； ⑤ 做好电站的防盗工作，确保电站的安全稳定运行； ⑥ 定期做好电站发电信息汇报工作	① 大专及以上学历，电力、电气工程、机电一体化等专业毕业； ② 1年以上电气运行等相关工作经历，具有光伏电站运维工作经验优先； ③ 有进网操作许可证、电工证或相关资格证书； ④ 具有独立分析问题和解决问题的能力，具有较强的自我学习能力

岗 位	职 责	任 职 要 求
数据分析师	① 负责光伏电站运行数据整理与分析； ② 负责电站设备故障判断、消缺工作的技术支持； ③ 负责光伏电站生产运营分析报告编写	① 本科及以上学历，电力、电气工程、机电一体化、计算机等相关专业毕业； ② 熟悉组件、汇流箱、逆变器、主变、升压站等光伏电站主要设备的运行原理、功能，对设备缺陷问题具有良好的联动分析能力； ③ 熟悉光伏发电系统原理、对数据敏感，对监控数据具有较强的挖掘、分析能力； ④ 积极、乐观，具有一定的抗压性

3. 单个光伏电站内运维人员组织机构

在实际的单个光伏电站的运维过程中，所需的运维人员主要包括站长、值班长、运维员和安全员，其对应的组织机构图如图3-9所示。

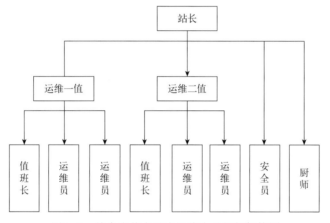

图3-9　单个光伏电站内运维人员组织机构图

4. 单个光伏电站内运维人员岗位和任职要求

单个光伏电站运维人员运维岗位和任职要求如表3-2所示。

表3-2　单个光伏电站运维人员岗位和任职要求

序　号	岗位名称	定　员	兼　职	任职要求（岗位技能和资格）
1	光伏电站站长	1人		① 具备高、低压电工证； ② 生产经营单位安全生产管理人员安全培训和光伏电站专业知识及安全知识培训
2	安全员	1人	由站长兼任	生产经营单位安全生产管理人员安全培训和经光伏电站专业知识及安全知识培训
3	值班长	2人		① 具备高、低压电工证； ② 经光伏电站专业知识及安全知识培训

序　号	岗位名称	定　员	兼　　职	任职要求（岗位技能和资格）
4	运维工程师	4人	1人兼任资料管理员，1人兼任库房管理员	① 具备高、低压电工证； ② 经光伏电站专业知识及安全知识培训
5	厨师	1人		具备健康证

5. 单个光伏电站内运维人员岗位和任职要求

（1）站长岗位职责

站长为整个电站行政领导人和安全生产第一责任人，对电站的安全运行、设备管理、人员管理、班组建设、生活安排等各方面工作全面负责。站长的主要职责具体包括：

① 领导全站人员履行岗位责任制，贯彻执行公司各种规章制度。

② 制定电站年度、季度、月度的工作计划和物资采购计划，并组织开展电站日常运维活动，定期向公司报送电站生产运营报表。

③ 组织对光伏电站事故、隐患及运行异常事件的分析，制定并组织实施控制异常和事故的措施，开展季节性安全检查、安全性评价、危险点分析工作。

④ 定期到现场巡视设备、查阅运行记录，检查值班质量，督促并检查"两票""三制"的执行。

⑤ 组织对新人（包括实习人员、临时工）进行电厂安全教育和班组安全教育。对员工进行经常性的安全思想、安全知识和安全技术教育并定期组织安全技术考核。对违反安全制度和规程的员工有责任制止和教育。

⑥ 光伏电站进行操作时，若站长在站，原则上应进行现场安全监护。大型操作、重要操作或特殊操作，站长必须进行现场安全监护。

⑦ 当光伏电站正在进行大型操作或大规模改造时，只要工作及操作未结束，站长不得离开电站。

⑧ 定期组织光伏电站技术管理、设备维护、班组建设、文明生产、日常培训等工作。

⑨ 对光伏电站的异动申请进行技术把控、审核、批准，对异动结果负全责。

⑩ 光伏电站发生事故时，应首先抢救伤员，保护好现场、设备、物资，并立即向公司总部报告，然后及时组织有关人员对事故进行调查分析，做到"四不放过"。

（2）值班长岗位职责

① 光伏电站值班长对值班期内的设备正常运行、安全运行及倒闸操作的正确性负责。

② 在站长的领导下，接受当值调度员的指挥，负责全站电气设备正常运行、倒闸操作和事故处理，对全班安全、运行、维护、培训等负责。

③ 负责交接班工作，审阅和填写运行记录簿，审阅有关记录簿。接班时负责检查安全用具及常用工器具，与调度试通电话，以检查调度电话是否畅通。

④ 接受调度员命令，担负重要操作的监护人，发生事故时负责组织与领导本站的事故处理。对属本站管辖的设备发布操作命令。

⑤ 担任工作许可人，组织实施对工作人员的现场安全技术措施，办理工作许可手续，并承担除大修外的检修、消缺验收。

⑥ 定时巡视全站设备，特别情况下（超负荷、天气骤变、事故后等）应加强对设备的巡视。

⑦ 在正常及事故情况下，应经常监视表计指示、信号、保护动作是否正确，负责本班人员按"两票三制"的规定内容做好当值运行工作，严肃认真地进行交接班，保证本班两票合格率100%。

（3）安全员岗位职责

① 对电站人员进行设备安全生产培训和技术方面的指导。

② 负责电气设备的正常维护及消缺流程管理工作，分析设备运行状况，组织相关电站专业人员对重大设备缺陷进行分析，提出处理方案，制订相应的消缺计划和预防措施，消除生产中的隐患。

③ 负责设备的检修、技术改造工程的计划安排和落实工作。

④ 检查设备安全措施，分析设备危险源，消除重大危险因素及安全隐患。

⑤ 编审专业培训计划，做好图纸、资料的收集整理工作，建立健全设备台账，做好设备评级及技术监督工作。

⑥ 监督设备的备品配件、工器具材料的储备消耗情况，定期专业制订生产设备采购计划。

⑦ 负责监督设备运行管理、维护管理、质量控制、环境及职业健康管理、试验检测、安全管理、文明施工和技术管理等方面工作。

⑧ 组织制订反事故措施和安全应急演练计划。

（4）运值员岗位职责

① 协助值班长完成各项检查、操作、维修任务工作，完成公司总部下达的各项计划指标。

② 按时上班，坚守岗位，值班时应熟知当班的运行方式，定时巡视设备，发现缺陷及时向值班长汇报，并做好记录。

③ 熟悉电气一次、二次设备的工作原理、性能、构造及一般检修工艺，能正确地运用各种消防器材，结合实际情况进行灭火，并掌握一定的电伤、烧伤等急救法。

④ 严格执行调度指令和两票制度，认真填写操作票及工作票，并正确进行操作。

⑤ 事故发生时能够尽快限制事故的发展，正确地运用规程处理运行事故。

⑥ 严格执行"两票""三制"，在值班长的带领下，完成各项检查、操作和维修任务。

⑦ 接班前巡视现场，检查设备，了解设备运行情况。检查各仪表、自动、自控、保护信号装置的运行情况，做好厂用设备运行维护、定期试验、巡回检查、运行分析工作，发现异常现象及时汇报值班长并做好记录。

⑧ 了解当日电站设备运行情况，及时做好事故预想。

⑨ 按时完成电站生产运营报表制作并及时提交给值班长。

第3章 光伏电站的运行与维护管理

3.3.2 光伏电站运维人员的管理方法

1. 运维人员的轮休管理制度

集中式并网光伏电站一般建于荒漠和戈壁滩上，风沙较大、紫外线很强，生活用水困难（水含碱量大），买菜及交通不方便，娱乐活动也很难开展，而分布式光伏电站又比较分散，运维人员的巡检和维护的工作量相对来说也会相应加大。因此，为了努力解决运维人员的生产和生活困难，对运维人员的管理宜采取轮休制度，保证运维人员能经常回家休整，以保持更好的激情与活力来维护光伏电站的运行维护工作，为光伏电站的多发、满发、保发做出积极的贡献。表3-3所示为一种光伏电站运维人员的两班组轮休方案。

表3-3　光伏电站运维人员轮休方案表

	1	2	3	4	5	6	7	8	9	10	11	12	13	14	15	16	17	18	19	20	21	22	23	24	25	26	27	28	29	30	1	2	3
A																																	
B																																	

其中，两个班组中在每月的1、2、16、17日共有4天时间共同进驻光伏电站内，这样有利于集中进行故障消缺和隐患排查工作。

2. 光伏电站中运维人员的考核管理办法

光伏电站考核指标主要分为日常绩效考核和年终考核两部分。其中，日常考核主要为规范电站管理、最大限度发挥岗位职能、调动员工工作积极性；年终考核指标主要有生产运营评估指标和安全生产与环保指标，年终考核用于确定年终奖励的分配。

（1）日常绩效考核

① 日常计划、管理情况：

- 对公司下达的生产任务或临时性安全、文明生产命令不执行或不按期执行者，考核50元/次。
- 公司要求的汇报材料、书面文件不及时上交者，考核站长50元/次。
- 凡迟到、早退、溜岗、脱岗者，考核50元/次。
- 严格请假手续，对未请假、未上班者按公司内部旷工论处，考核旷工者旷工情况200元/天。
- 凡在正常工作时间两人以上集体打扑克、下棋等违反劳动纪律者，考核参与者200元/次。
- 工作人员和值班人员不按规定着装者，考核30元/次。
- 在禁烟区吸烟者的考核100元/次。

② 日常检修维护完成情况：

- 设备检修工作（大、小修及周计划、日常维护）必须按规定项目完成，不得遗漏，否则考核100元/次；对造成影响者将加重处罚。
- 当班人员每天两次（特殊天气应加强检查力度），应按时、到位、负责进行设备检查，不进行检查或当班有问题而没发现，考核当值人100元/天，责任人50元/天。

- 设备检修应严格按照检修项目要求进行，不得漏项，考核责任人100元/天，并勒令将其所漏项完成。
- 检修工作中发现重大问题，必须及时汇报电站站长。因不及时汇报，造成工期延误者，考核责任人100元/次；若造成重大损失，则将对责任人加重处罚。
- 检修现场和设备检修消缺未做到"三无"（无水、无灰、无油迹）、"三齐"（拆下的零部件排放整齐、检修器械摆放整齐、材料备品堆放整齐）、检修现场出现"三乱"（乱拉临时线、乱丢杂物、东西乱放）者，考核责任人100元/处。

③ 报表、台账等资料整理完成情况：
- 各种报表、总结不按时报送者，考核责任班组50元/次，每推后一天加扣20元。
- 设备台账不能及时、正确登录，与现场实际情况不符者，考核责任班组50元/次。
- 图纸、资料整理不好、保管不妥遗失者考核责任人50元/次。
- 检修记录不能及时、正确有效反映检修数据、设备变更的考核责任班组50元/次。
- 定期工作要做好各项记录，并交电站技术员签字后存档，否则考核责任人50元/次。

④ 工器具、备品备件、材料管理情况：
- 电站工器、仪器仪表应及时登记造册，并对使用状况做好记录，出现工器具损坏应及时汇报站长或当班值长，未及时报修而造成工作延误考核责任人50元/次。
- 电站备品配件应保持良好，切实起到备用作用，应定期检查。因保管不当造成损坏，将视具体情况考核负责人。
- 电站站长应根据备品储备及消耗情况每月及时向公司总部提供下月所需备品备件采购清单，凡因缺少备品备件而影响故障消缺者，考核200元/次。影响到电站安全生产将加重考核。
- 因材料计划错误或不当，造成材料费用损失的，考核责任人50元/天。

⑤ 安全管理考核情况：
- 进入生产现场不戴安全帽；高空作业不系好安全带；检修无票工作，无票操作；工作负责人不复查安全措施；违章指挥、冒险作业，各级领导及监察人员默许违章作业不制止；使用不合格的绝缘工器具等习惯性安全违章的，考核责任人100元/次，考核站长50元/次。
- 不认真执行工作监护制，监护人离开现场，失去监护；开工前负责人未向工作人员进行现场安全、技术交底，即开始工作；负责人不亲自办理工作票，工作票代签字等情况，考核责任人100元/次。

⑥ 两票执行情况：
- 运维班组值班期间工作票及操作票合格率低于98%，对班组人员进行考核50元/次。
- 工作票不认真登记，已执行的工作票发现漏、错、重一张，考核签发人30元/次。
- 操作票不按规定执行，考核监护人30元/次。

⑦ 日常考核奖励情况：
- 发现运行设备重大缺陷采取措施得当，避免了重大事故发生的运维人员奖励500～800元/次。

- 发现威胁安全运行的设备缺陷，处理及时正确，避免了对外停电和设备损坏一般事故的运维人员奖励 300 ~ 500 元 / 次。
- 对认真检查发现重要缺陷又勇于克服困难采取可靠安全措施及时联系消除，确保设备安全运行的运维人员奖励 100 ~ 300 元 / 次。
- 对积极参加事故抢修，避免一般事故发生的有关人员给予奖励 50 ~ 100 元 / 次；对提出改进安全设施，有效防止人身、设备事故发生的合理化建议，有突出贡献者，经有关专业部门鉴定核实，给予一次性奖励 1 500 元。
- 按照季度工作票及操作票合格率≥99%，奖励。

（2）年终考核

① 生产运营评估指标。可用于评估光伏电站生产运营的指标有发电量、发电计划完成率、综合厂用电量、系统效率、缺陷消缺率等指标，电站可根据自身实际情况合理制定指考核指标、指标基准值、指标标准分值和考核标准。表3-4所示为光伏电站生产运营指标考核参考表，供光伏电站考核管理人员参考使用。

表3-4　光伏电站生产运营指标考核参考表

序　号	考核指标	标　准　分	考核标准（参考）
1	发电量/万kW·h	40分	完成考核基准值，得40分；每增长1个百分点，加4分；每降低1个百分点，扣2分
2	系统效率/%	25分	完成考核基准值，得25分；每增长1个百分点，加3分；每降低1个百分点，扣3分
3	缺陷消缺率/%	20分	完成考核基准值，得20分；每增长1个百分点，加2分；每降低1个百分点，扣2分
4	综合厂用电率/%	10分	完成考核基准值，得10分；每增长1个百分点，扣3分；每降低1个百分点，扣3分
5	单位千瓦运维费/万元/kWp	5分	完成考核基准值，得5分；每超过1个百分点，扣2分

② 安全与环境保护。电站整个年度的生产运营过程中不能发生以下影响安全和环境事件：

- 不发生人身重伤及以上事故。
- 不发生责任性较大及以上设备损坏事故。
- 不发生较大及以上火灾事故。
- 不发生责任性较大及以上非计划停电事故或事件。
- 不发生较大及以上环境污染或生态破坏事件。
- 不发生环境保护部门的通报事件（含罚款、项目限批等）。

③ 年度考核计算依据。年终考核应结合生产运营评估指标和安全与环境保护两部分内容，合理设定权重，计算综合得分。电站若年度未完成基准值则进行考核；若完成（包含超额完成）基准值则进行奖励，具体奖励方式和奖励额度以公司总部规定为准。

3.4　光伏电站日常运维作业规范

光伏电站日常运维作业规范可以使光伏电站的运行与维护做到安全适用、技术先进、经济合理，确保整个电站日常运维作业能够标准化、流程化。

3.4.1　光伏电站日常运维作业一般要求

光伏电站日常运维作业一般要求具体如下：

① 光伏电站的运行与维护应保证系统本身安全，以及系统不会对人员造成危害，并使系统维持最大的发电能力。

② 光伏电站应连续对全站的运行设备的运行状态进行监视，并根据其运行状态按照相关规定要求做出相应的处理。

③ 光伏电站日常运行期间应该按照规定要求填写相关运行日志，并对上级部门报送相关的日、周、月、年报表。

④ 光伏电站运行和维护的全部过程需要进行详细的记录，对于所有记录必须妥善保管，并对每次故障记录进行分析。

⑤ 光伏电站运行和维护过程中对发现的缺陷及时进行响应，进行闭环消缺并记录，最终使光伏系统稳定运行。

⑥ 光伏电站应该结合现场实际情况制订清洗、除尘和培训计划。

⑦ 光伏电站的主要部件应始终运行在产品标准规定的范围之内，达不到要求的部件应及时维修或更换。

⑧ 光伏电站主要设备部件上的各种警示标识应保持完整，各个接线端子应牢固可靠，设备的接线孔处应采取有效措施防止蛇、鼠等小动物进入设备内部。

⑨ 光伏电站主要部件在运行时，温度、声音、气味等不应出现异常情况，指示灯应正常工作并保持清洁。

⑩ 光伏电站中作为显示和交易的计量设备和器具必须符合计量法的要求，并定期校准。

⑪ 光伏电站运行和维护人员应具备与自身职责相应的专业技能。在工作之前必须做好安全准备，断开所有应断开的开关，确保电容、电感放电完全，必要时应穿绝缘鞋，带低压绝缘手套，使用绝缘工具，工作完毕后应排除系统可能存在的事故隐患。

3.4.2　光伏电站日常运维工作

光伏电站日常运维工作包括运行晨会、运行值班、交接班、清洗除尘、设备维护、消缺等六大类工作。

1. 晨会

每天早上 8:30（依据电站实际情况而定）由运行值班长组织例行晨会，晨会内容包括：安全注意事项交代、日常设备巡检、消缺等，并包括当天的其他事项，最后进行任务分配。

2. 运行值班

运行值班主要工作为运行监盘、调度运行、填写记录及运行报表/报告等。

（1）运行监盘

运行监盘是运行人员在升压站主控室对全站的运行设备的设备运行状态进行连续的监视，并根据其运行状态按照有关规定要求做出相应的处理。

① 运行监盘的目的。及时发现设备异常运行参数，并及时分析处理问题；调整偏离运行点参数，确定设备安全、稳定、经济运行。

② 运行监盘的监视范围及内容：

- 设备的电气运行参数是否正常，如有功功率、无功功率、电流、电压、频率等。
- 汇流箱电压和电流、组串的电流有无异常。
- 变压器的油面温度、绕组温度有无异常。
- 设备通信是否完好。

③ 运行监盘的手段：

- 设备运行参数监测仪表，如功率表、电流表、电压表和温度表。
- 监视信号显示系统，如智能监控系统。
- 运行状态监控系统，如运行方式监控系统、时间顺序记录系统等。

④ 对重点设备参数的监视：

- 主要保护设备故障或失灵。
- 保护消缺后或新增保护功能初投入时。
- 主要设备发生明显异常情况时。
- 特殊试验和分析项目的有关参数。

⑤ 问题处理。运行值班人员在监盘过程中发现问题时，应及时对值班长汇报，由值班长指派运维人员在出现缺陷的位置检查确认。

（2）调度运行

调度运行是光伏电站在运行值班期间按照电网调度机构调度指令组织光伏电站实时生产运行，参与电力系统的调峰、调频、调压和备用。

光伏电站运行值班人员在运行值班中接收到电网调度机构下达的指令后，应迅速、准确地执行，不得以任何借口拒绝或者拖延执行。若执行调度指令可能危及人身和设备安全时，光伏电站值班人员应立即向电网调度机构值班调度员报告并说明理由，由电网调度机构值班调度员决定是否继续执行。光伏电站及光伏逆变器在紧急状态或故障情况下退出运行（或通过安全自动装置切除）后，不得自行并网，须在电网调度机构的安排下有序并网恢复运行。

（3）填写记录

填写的记录主要是归档记录电站日常运维活动中所产生的各种记录信息，包括运行记录、安全记录和巡检记录等，具体如表3-5所示。

表3-5　记录明细表

记　录　类　别	记　　　录
运行记录	继电保护记录； 调度命令记录； 调度停机记录； 故障停机记录； 避雷器运作记录； 保护定值记录； …
安全记录	人身伤亡事故； 安全检查； 设备事故； 安全活动； …
巡检记录	基础与支架巡检记录； 光伏组件巡检记录表； 汇流箱巡检记录表； 逆变器巡检记录表； 变压器巡检记录表； 继电保护及自动装置巡检记录； …
检测记录	光伏组件功率现场测试记录； 光伏组件电致发光（EL）现场测试记录； 系统效率现场测试记录； …
其他记录	领导视察记录； 外来人员参观记录； …

（4）运行报表／报告

运行报表／报告主要是电站运维人员按照电站和电网相关工作要求，及时完成各种报表／报告的制作并按时发送于相关负责人。运行报表主要包括日报、月报、年报以及其他相关需求定制的报表或报告。运行报表／报告的制作应根据电站实际情况制定相应的内容及工作周期。

3. 交接班工作

交接班应该做到以下几点：

① 按照倒班规定时间提前进行交接准备，确保生产连续性。

② 接班时，接班人必须对交班的记录和出现的问题与交班人进行确认，无误后双方在交接班记录上签上姓名。

③ 交班时，交班人要如实填写交接班记录，要详细记录当班期间的异常情况和发生的问

第3章　光伏电站的运行与维护管理

题，必须在岗位上向接班人面对面交代清楚，在交接班记录上签上姓名后方可离岗，重大情况及时向领导汇报。

④ 接班人在规定时间未来接班时，交班人应及时向上一级领导汇报，在上一级领导安排好接班人后方可离岗。如交接过程中发生争议，由上一级领导裁决。

⑤ 凡两个或两个以上单位在同一场地协同作业时，交接事项必须在同一场地、统一时间进行，除正常的技术交接外且有文字凭证。

⑥ 所有倒班岗位人员，须按岗位交接班制度履行交接手续，不得落空、敷衍、作假。

4. 清洗除尘

空气中灰尘或者其他杂物（如鸟粪等污物）的直接影响是减少光伏组件所接收到的太阳辐射能，严重的局部遮盖还会导致"热斑效应"，最终影响电站收益。组件清洗是解决这种问题、提高收益的最有效途径。

（1）清洗时间选择

光伏电站的光伏组件清洗工作应选择在清晨、傍晚、夜间或阴天进行。这主要是防止人为阴影带来的光伏阵列发生热斑效应进而造成电量的损失甚至组件烧毁。早晚进行清洗作业须在阳光暗弱的时间段内进行，一般要求为辐照度低于200 W/m² 的情况下清洁光伏组件。

（2）清洗周期和区域的规划

由于大型光伏电站占地面积很大，组件数量庞大，而每天适宜进行清洗作业的时间又较短，因此光伏电站清洗工作应规划清洗周期并根据电站的具体情况划分区域进行，这样可以充分利用人力资源，用较少的人力完成清洗工作。一般当电站整体出力降低到上次清洗后出力的85%时，应进行第二次清洗。具体清洗应结合天气状况合理安排。

（3）清洗注意事项

① 应使用干燥或潮湿的柔软洁净的布料擦拭光伏组件，严禁使用腐蚀性溶剂或用硬物擦拭光伏组件。

② 应在辐照度低于200 W/m² 的情况下清洁光伏组件，不宜使用与组件温差较大的液体清洗组件。

③ 严禁在风力大于4级、大雨或大雪的气象条件下清洗光伏组件。

④ 做好安全事项：防漏电工作、防热斑、防人员剐蹭伤、防刮伤组件。

（4）其他设备除尘

其他需要除尘的设备包括：环境辐射仪、汇流箱、逆变器、通信柜、高低压配电柜、SVG（动态无功补偿及谐波治理装置）室、变压器等。设备的除尘周期、除尘位置和所使用的工具如表3-6所示，具体情况以电站实际情况为准。

表3-6　设备除尘明细表

设备名称	除尘周期	除尘位置	除尘所使用工具
环境监测仪	1次/周	玻璃罩	软抹布
汇流箱	1次/半年	箱体内	毛刷

设备名称	除尘周期	除尘位置	除尘所使用工具
逆变器	1次/半年	室内、电缆、电路板、元器件、风扇	毛刷、吹风机、吸尘器
通信柜	1次/半年	柜体内、电缆、电路板、元器件	毛刷、吹风机、吸尘器、抹布
低压配电柜	1次/年	柜体内、电缆、电路板	毛刷、吹风机、吸尘器、抹布
高压配电室	1次/年	柜体内、电缆、母排、元器件	毛刷、吹风机、吸尘器、酒精、抹布
变压器	1次/年	柜体内、电缆、母排、元器件	毛刷、吹风机、吸尘器、酒精、抹布
SVG室	1次/年	柜体内、电缆、母排、电路板、元器件	毛刷、吹风机、吸尘器、酒精、抹布

　　设备的积灰程度与自身的密封性和外界环境有关，其中设备自身的密封性起重要作用。在遇到严峻天气（沙尘暴、暴雨）后，应该及时检查各个设备，并根据实际情况进行除尘。对于高压设备（逆变器、变压器、高压配电室、SVG室等）进行线缆、母排、元器件除尘时，应做好停电、放电、挂好接地线等安全措施。

5. 设备维护

　　设备维护主要包括预防性维修、纠正性维修以及定期的巡检，维护的设备主要包括但不限于以下设备的处理：主要发电设备及控制系统；如气象站、基础支架、组件、汇流箱、逆变器、变压器、交流控制电源（UPS）、直流控制电流、防雷与接地装置、SVG无功补偿装置、交直流电缆、继电保护及自动装置、站用配电装置、光伏电站35kV系统、通信系统、计算机监控系统、视频监控设备；其他设施和构筑物：电站围栏、大门、道路维护、电站植被维护、逆变器室、SVG室打扫、站内消防设备、设施的日常维护、电站所有区域的通风设施维护、生活区卫生清扫；其他设施和构筑物的维护应根据电站的实际情况制定合理的维护内容和维护周期。

（1）预防性维修

　　预防性维修指通过对光伏系统进行检查、设备测试，以防止功能故障发生，使光伏系统保持稳定运行。主要包括：组件检查、汇流箱检查、逆变器检查、箱变检查、气象站检查、升压站检查、配电室检查等。检查包括目视检查和测试检查。

（2）纠正性维修

　　纠正性维修指通过修复活动或者更换零部件加以纠正，最终使光伏系统保持稳定运行。纠正性维修包括：组件、汇流箱、逆变器、箱变、气象站、变压器等的纠正性维修工作。

（3）设备巡检

　　设备巡检是定期对管辖设备进行全面、认真的巡回检查，以便及时发现故障隐患并给予消除，使设备处于良好状态，提高设备健康水平，保证安全经济运行。设备巡检制度的主要内容包括：

　　① 各班值班人员每班对所辖设备、系统进行全面的巡回检查，按照规定时间、程序、路

线、项目等进行检查，发现故障隐患及时消除。巡回过程中，要认真严肃、一丝不苟，以看、听、闻相结合，发现问题，掌握规律。

② 要对巡检过程中出现的问题及处理方案做好记录，对于不能及时处理的问题，向值长、站长汇报后，做好记录并予以监控。

③ 巡检过程中，要严格遵守工作规程，严禁乱动设备，如工作需要应与值班长联系，故障消缺后应进行记录，巡回检查必须由两个共同进行。

④ 做好设备巡回检查是各班值班人员的主要工作，各班应认真执行巡回检查制度，并列为岗位责任制和经济责任制考核内容。对巡检中发现重大隐患的应给予表扬和奖励，对执行不好的予以批评和惩罚。

（4）设备操作

设备操作管理主要包括响应、通知时限、操作和削减的工作处理，具体内容如下。

① 响应：

- 电站运维人员接到电网调度下达的指令后，必须进行相关事项的响应操作。
- 电站运维人员接到公司总部下达的指令后，必须进行相关事项的相应操作。
- 电站运维人员在发现设备故障（如监控系统报警逆变器、汇流箱等设备故障信息）后，必须采取相应的故障处理措施，并尽量在短时间内完成设备消缺。

② 通知时限：

- A 类缺陷：指危及主要设备安全运行或人身安全的缺陷。此类缺陷如不及时消除或采取应急措施，在短时间内将造成主设备停电（逆变器、变压器、开关、线路）或威胁人身安全，属于紧急缺陷。
- B 类缺陷：指威胁安全生产或设备安全经济运行，影响设备正常发电或按正常参数运行，属于技术难度较大，不能在短时间内消除，必须通过设备检修、技术改造、更换重要部件或更新设备才能消除的缺陷。
- C 类缺陷：指系统无备用设备且需要在计划检修中才能消除的缺陷。此类缺陷不影响设备处理或按正常参数运行，但有危及设备正常参数运行，设备正常运行的可能，需要等到系统或设备退运后在短时间内就可消除的缺陷。
- D 类缺陷：指设备在生产过程中发生的一般性质的缺陷。此类缺陷在设备运行中可以消除，消除时不影响出力或负荷，属于可随时消缺的缺陷。

建议：A、C 类缺陷在 24 小时内消除，D 类缺陷应在 72 小时内消除，B 类缺陷不做时间要求。

③ 操作：

- 设备故障或设备检修时，按照两票管理的要求填写相关的操作票。
- 日常工作中需要开工作票时必须严格遵守工作票流程。
- 严格遵守设备维护、设备检修作业指导书相关规程。

④ 削减：

- 在接到电网的调度要求时，对电站发电系统进行发电消减动作。
- 在电站进行重大事故处理或者重大检修时，对电站发电系统进行发电消减动作。

6. 消缺

消缺是对于光伏电站设备或其他区域出现的问题进行处理，最终使光伏系统稳定运行。

（1）消缺流程

缺陷主要来源为运行监盘和设备巡检，针对所发现的缺陷予以闭环式消缺。消缺流程如图3-10所示。

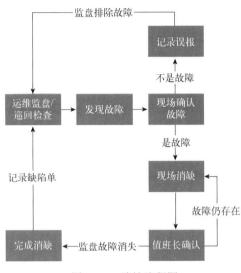

图3-10 消缺流程图

（2）缺陷处理要求

① A 类缺陷：由光伏电站当班值长请示电站负责人。对光伏电站无条件处理的缺陷，需要委托检修单位进行处理，检修人员到达现场，立即组织消缺工作。此类缺陷发生后，要求相关检修单位应组织人员进行连续不间断的处理，尽量缩短设备故障弃光时间。

② B 类缺陷：由电站、检修单位制定消缺方案和防止缺陷扩大的措施，作为计划检修项目落实到检修计划中尽快处理。

③ C、D 类缺陷：光伏电站安排运维人员处理。

影响发电量的设备消缺工作应尽可能安排在夜间或电网限电时期进行，并与电网检修计划密切结合；必要的消缺工作分阶段进行，尽可能减少弃光电量损失。

（3）消缺时间要求

① A、C 类缺陷：组织连续尽快消除，限时在24小时内消除。

② B 类缺陷：不做限时要求。

③ D 类缺陷：一般限时在72小时内消除。

④ 消缺时间包括办理工作票、设备隔离和消缺的时间。未在规定时限内消除缺陷属于消缺不及时。

⑤ 对于已经在规定时限内消缺完毕，但由于非设备原因无法完成试运行的缺陷，在试运行合格后，不统计为消缺不及时，若试运行不合格则统计为消缺不及时。

⑥ 对于跨月消除的缺陷，在次月进行统计，但在分析时应注明。

3.5 光伏电站设备巡检规范

光伏电站设备巡检规范规定了光伏电站运维人员对光伏设备进行巡视的作业程序和要求，并包含了特殊及专项巡视内容及要求，规定了巡视缺陷的分类及响应要求。

3.5.1 光伏电站设备巡检的一般要求

为了明确光伏电站设备巡回检查管理制度，落实电站安全生产管理职责和电站设备巡回检查工作的要求与规定，保证光伏电站设备巡回检查的质量，结合《国家电网公司电力安全工作规程》与设备巡回检查管理相关制度规定，制定了光伏电站巡检的基本要求，具体要求如下：

① 光伏电站的运行与维护应保证系统本身安全，以及系统不会对人身造成危害，并使系统维持最大的发电能力。

② 光伏电站的主要部件应始终运行在产品标准规定的范围之内，达不到要求的部件应及时维修或更换。

③ 光伏电站的主要设备周围不得堆积易燃易爆物品，设备本身及周围环境应通风散热良好，设备上的灰尘和污迹应及时清理。

④ 光伏电站的主要部件上的各种标识应保持完成清晰，各接线端子应牢固可靠。

⑤ 光伏电站的主要部件在运行时，温度、声音、气味等不应出现异常情况，指示灯应正常工作。

⑥ 光伏电站运行和维护人员自身应具有与自身职责相应的专业技能。在工作前必须做好安全准备工作：断开所有应断开的断路器，穿戴绝缘工作服，使用绝缘工具等。

⑦ 光伏电站运行和维护的全部过程应进行详细记录，对所有记录进行妥善保管，对所有缺陷进行详细记录。

⑧ 人员组成。根据《国家电网公司电力安全工作规程》以及光伏电站巡回检查相关管理制度的规定，在对光伏设备进行日常巡视时，至少应配备2名运维人员共同前往巡视，并且在中控室应留1名运维人员进行监屏。因此，电站日常巡检至少应保证3名运维人员同时在岗才能完成相关巡检工作。

3.5.2 巡检分类与周期

设备巡检分为3种类型，根据巡检类型的不同确定不同的设备巡检周期。具体分类如下：

1. 日常巡检

对运行可靠、故障率低，且发生故障紧急程度不高，不会直接影响主设备安全运行的设备，实行日常巡检。光伏电站的设备巡检周期如表3-7所示。

表3-7　设备巡检周期表

序　　号	巡检设备名称	巡 检 周 期
1	组件与支架	每两个月巡检一次
2	组件红外热成像扫描	每一年巡检一次
3	环境监测仪	每天巡检一次
4	汇流箱	每两个月巡检一次
5	逆变器室	每天巡检一次
6	箱式变压器室	每天巡检一次
7	计算机监控系统	每天巡检两次
8	通信系统	每天巡检两次
9	SVG静止无功发生器	每天巡检两次
10	继电保护及自动装置	每天巡检两次
11	直流控制电源	每天巡检两次
12	交流控制电源	每天巡检两次
13	站用配电装置	每天巡检两次
14	高压开关柜	每天巡检两次
15	主变压器	每天巡检两次

注：以上表格中所列设备巡检周期只作为参考，具体巡检周期需要根据光伏电站实际现场环境而定。

2. 特殊巡视

特殊巡视主要针对以下情形进行：

① 对稳定运行有较高要求、有一定故障率的设备。

② 发生故障时可能直接影响主设备安全运行的设备。

③ 对季节性变化有特殊安全要求的设备。

④ 检修试运行和新投运的设备。

⑤ 夜间安全保卫巡逻，每天巡检一次。

⑥ 冬天厂区防火巡视，每天至少两次。

3. 特级巡视

对于有重大隐患及缺陷的设备或故障扩大可能会引起严重后果的设备，且又暂时不能停运处理及消缺的设备，实行特级巡检。因此，除对设备进行定期日常巡视外，还应根据设备运行情况、负荷情况、自然情况及气候情况等增加巡回检查次数，对设备进行特殊巡视和特级巡视。例如，对过负荷设备，要求每小时巡查一次，对严重过负荷设备应严密监视；对发生故障处理后再次投入运行的设备，在投入运行4小时内应每隔2小时检查一次；对危及安全运行的重大设备缺陷，应每隔半小时或1小时巡查一次；大风、大雾、大雪、台风、汛期、雷雨天气过后，需要对设备进行特殊巡视。

第 **3** 章　光伏电站的运行与维护管理

3.5.3 升压站设备巡检

在确定巡检人员以及巡检周期后，还需要确定具体的巡检路线。确定合适的巡检路线主要是为了提高巡检效率，不走弯路；不遗漏设备，也不重复巡检相同设备。因此，光伏电站需要根据自己的实际情况，确定符合自己实际的巡检线路。巡检区域主要包括升压站巡检和光伏区设备巡检。升压站巡检路线应以主控室为起点，然后对各个设备依次进行巡检。举例如图3-11所示，所属电站巡检路线图以实际设备位置而定。

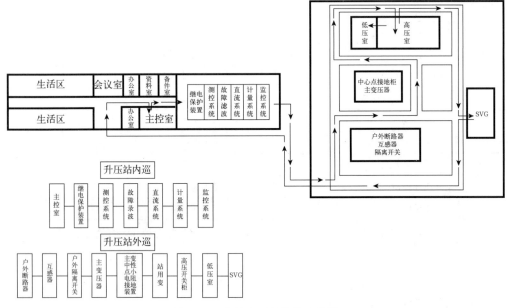

图3-11　电站升压站巡检路线图

该光伏电站升压站巡检路线图以主控室为起点，先对继电保护室进行巡检，然后到户外高压设备进行巡检。

3.5.4 光伏方阵区设备巡检

1. 光伏方阵区设备巡检路线

光伏方阵区设备巡检路线的制定可以以每个方阵的逆变器作为基点，结合光伏区道路情况，从而确定具体的巡检路线。还可以根据光伏区中组件的分布情况，按照组件排布的由远及近、由左向右的方式确定巡检路线。

2. 光伏方阵区设备巡检基本要求

对光伏电站进行日常巡检时，需要注意以下要求：

① 巡检方阵时需要在天气晴朗的条件下进行，下雨天气尽量不巡检方阵；如遇雷雨天气，需要巡视室外高压设备时，应穿绝缘靴，不得靠近避雷器和避雷针。

② 遇火灾、地震、台风、冰雪、洪水、泥石流、沙尘暴等自然灾害或极端天气发生时，如果需要对设备进行巡视，应制定必要的安全措施，得到设备运行单位分管领导批准，并至

少两人一组，巡视人员应与派出部门之间保持通信联络。

③ 巡检方阵时需佩戴校验合格的安全防护用品，如安全帽。

④ 巡检高压设备时需要注意与带电部分的安全距离并不得移开或越过遮栏；不得随意移动标示牌。当有必要接近高压设备时，必须有监护人在场，严格保持设备不停电时的安全距离。

⑤ 巡检高压设备时若发现高压设备接地，室内不得接近故障点4 m，室外不得接近故障点8 m。并且进入上述范围人员必须穿绝缘靴，接触设备的外壳和架构时，应戴绝缘手套。

⑥ 严禁乱动设备，严禁触摸设备的带电部分和其他影响人身或设备运行安全的危险部分。

⑦ 巡检过程中，当需要测量组件开路电压或者测量电流时，必须断开汇流箱断路器，此时应在巡检开始前提前准备好2种工作票，以保证巡检工作有序、安全地进行。

3. 组件和支架的现场巡检

（1）组件与支架现场巡检

组件是光伏电站发电的主要部件，它直接将光能转换为电能，它的好坏直接决定着光伏电站长期的稳定收益；支架对光伏组件的抗风、抗压、抗雪及其他外力起到固定支撑的作用。

在巡检过程中主要通过外观检查与热成像扫描来确认组件及支架质量。外观检查主要查看组件及支架是否有明显的异常情况；热成像扫描主要检查组件是否有异常发热的部位。巡检对象：光伏方阵中的所有组件与支架；巡检工具：热成像仪。

（2）组件与支架检查步骤

① 两人配合，一名运维人员对方阵中的组件表面进行外观检查，检查组件表面有无裂痕、划痕、碰伤、破裂现象，组件边框是否平整，无锈蚀痕迹，组串是否平直、整洁，表面无树叶、杂草、鸟粪等遮挡物。

② 检查组件背板是否完好无破损，接线盒后盖是否完好无脱落，组件之间插头是否无脱落烧毁现象。

③ 检查组件边框接地是否完好，螺栓是否生锈。

④ 另一人对支架进行检查，查看支架基础是否平整、支架螺钉是否松动、支架是否变形、螺钉是否生锈。

⑤ 对组件表面目视检查结束后，一人手持红外热成像仪对组件表面进行扫描，查看是否有异常发热部位；另一人对巡检结果与内容进行记录。

（3）组件与支架巡检记录

巡检结果与内容可记录于《基础与支架巡检记录表》以及《组件巡检记录表》。

（4）组件与支架巡检注意事项：

① 巡检过程中，应佩戴安全帽，谨防身体被支架或边框拐角处碰伤。

② 对于产生明显热斑的组件应注意防止烫伤，触摸组件表面时应佩戴防护手套。

4. 环境监测仪的现场巡检

光伏电站环境监测仪主要用于监测电站场区辐照强度、温湿度、风向风速等各项参数，为电站效率核算提供较为精准的气象参数；为电站防范自然灾害、调查事故原因提供数据支撑。巡检对象：环境监测仪整体；巡检工具：万用表、螺丝刀。

环境监测仪的现场巡检步骤：

① 两人配合，一人现场检查，一人进行记录；主要检查环境监测仪安装位置有无遮挡、是否有动物出没、基座和支架是否稳固、支架是否有锈蚀情况、环境监测仪检测维护通道（爬梯）是否通畅安全。

② 检查环境监测仪相关仪表有无摔碎、破裂等物理性损坏。

③ 检查辐射表安装位置是否有遮挡，辐射表外玻璃罩有无灰尘遮挡、玻璃罩有无碎裂、各辐射表有无安装不合理、错误现象；总辐射表方位角和倾斜角是否与组件安装角度一致。

④ 检查辐射表中干燥器内的硅胶是否变潮（由蓝色变成红色或白色），受潮的硅胶可在烘箱内烤干，变回蓝色后可再用。

⑤ 检查环境监测仪通信状况是否良好；各采集数据是否为一个固定不变的值。

巡检记录：巡检结果与内容可记录于《环境监测仪巡检记录表》。

5. 汇流箱的现场巡检

为了减少光伏组件与逆变器之间的连接线，方便维护，提高可靠性，在光伏组件与逆变器之间增加的直流汇流装置。巡检对象：光伏方阵中的所有汇流箱；巡检工具：红外热成像仪、万用表、尖嘴钳、螺丝刀。

（1）汇流箱的巡检步骤

① 两人配合，一人检查，一人记录；首先观察汇流箱箱体是否完好（有无锈蚀、变形、掉漆、外壳破碎等），表面锁扣是否失效，安全标识是否齐全完好，箱体编号是否完好并与方阵相对应。

② 打开箱门，检查进出线孔是否用防火泥封堵，汇流箱内是否有积灰、异物，支路线编号是否完好，是否有线路虚接或者备用线路没有用绝缘胶布进行处理的现象。

③ 检查防雷模块状态指示器颜色（红为损坏，绿为正常）。

④ 检查直流断路器的灵敏度：对直流断路器进行连续的开关试验，看直流断路器是否存在卡死现象。

⑤ 检查电源模块是否损坏，查看箱内各传感器是否正常工作从而反向验证电源模块是否完好。

⑥ 检查监测模块显示的各支路电流是否正常，若存在电流偏低或者电流为0的支路，可以使用钳流表检查监测模块显示是否正确，用万用表测试电流偏低或者支路为0的是否有电压。

⑦ 一人手持红外热成像仪对箱体进行扫描，查看是否有异常发热的支路，另一人对巡检结果进行记录。

巡检记录：巡检结果与内容可记录于《汇流箱巡检记录表》。

（2）汇流箱巡检注意事项

① 汇流箱更换保险时必须断开汇流箱断路器，更换保险必须使用同容量同型号的保险，

更换保险时必须佩戴绝缘手套且使用绝缘良好的专用保险夹钳，禁止徒手或用其他工具夹取。

② 更换保险后，必须保证投入的保险两端导电部分与保险座接触部分接触良好。

6. 逆变器室巡检

逆变器是一种通过逆变电路来完成直流转交流的逆变设备。逆变器室主要包括直流配电柜、逆变器柜以及通信柜。巡检对象：光伏方阵中所有逆变器室；巡检工具：红外热成像仪。

（1）逆变器室的巡检步骤

① 两人配合，一人检查，一人进行记录；首先在逆变器室外听声音，检查设备运行声音是否异常；随后检查逆变器室外观是否良好，门锁等外部设施是否良好。

② 打开逆变器室大门，检查风道及滤网是否良好，尤其是滤网及风道是否正常。

③ 检查直流配电柜柜内无异音、无异味、无放电现象；检查直流配电柜接地线连接是否良好。

④ 检查直流配电柜、逆变器柜、通信柜的门锁齐全完好。

⑤ 检查直流配电柜断路器位置信号指示灯是否与断路器实际位置相对应，各断路器有无脱扣跳闸现象。

⑥ 检查直流配电柜电流表、电压表指示是否正常，与逆变器直流侧电压、电流指示是否相符。

⑦ 检查逆变器的液晶显示屏测试数据是否正常，通信是否良好；首先观察液晶显示屏外观是否完好，有无破碎等现象；其次应检查数据是否为死值，各面板是否有异常报警。

⑧ 检查逆变器是否有异常振动和异常气味。

⑨ 检查消防器材是否按时校验。

⑩ 一人手持红外热成像仪对逆变器柜接线铜排和IGBT（绝缘栅双极型晶体管）、直流配电柜中的线缆接头、直流母排进行扫描，看是否有过热现象，另外一人对巡检结果进行记录。

巡检记录：巡检结果与内容可记录于《逆变器巡检记录表》。

（2）逆变器巡检应注意事项

① 逆变器室巡检过程中，需要集中精力，不得做与巡检无关的工作；并且在对逆变器室设备进行维护时，严禁佩戴影响工作和安全的金属饰品。

② 当逆变器故障停机需要进行维护时，必须保证该逆变器已安全断电且机器所有带电元器件放电完毕，方可工作；对于设备故障不能解决时，应将逆变器交直流两侧开关断开，做好检修隔离措施后立即联系逆变器厂家前来进行维修，并在逆变器室外悬挂安全标识牌，在故障没有解决的情况下，禁止合闸。

③ 紧急停机开关只用于紧急情况下（如火灾，水灾等）关闭逆变器，迅速切断向电网供电，正常情况下禁止随意按紧急停机按钮。

④ 若人员生命受到威胁、危及设备，值班人员根据规定可紧急停机，进行事故处理，但事后必须立即向值长或站长汇报；若逆变器故障不能自动停机，可在监控系统中使用远控停机，现场及时断开箱变低压侧开关，并进行检查。

第 **3** 章　光伏电站的运行与维护管理

7. 箱式变压器室巡检

箱式变压器并不只是变压器，它相当于一个小型变电站，属于配电站。箱式变压器室包括高压室、变压器室和低压室。高压室就是电源侧，一般是 35 kV 千伏或者 10 kV 进线，包括高压母排、断路器或者熔断器、电压互感器、避雷器等；变压室里都是变压器，是箱变的主要设备；低压室里有低压母排、低压断路器、计量装置、避雷器等。巡检对象：光伏方阵中所有箱式变压器室；巡检工具：热成像仪。

（1）箱式变压器室巡检步骤

① 两人配合，一人检查，一人记录和监督；首先在箱式变压器室外部检查箱变室是否有异常声音和异常震动发生；随后检查箱变室外观是否良好，门锁等外部设施是否良好。

② 检查储油柜和充油套管的油位、油色是否正常，器身及套管有无渗、漏油现象。

③ 检查变压器上层油温是否正常，瓷瓶套管应清洁、无破损、无裂纹或打火现象。

④ 检查防爆管玻璃膜片应完整无裂纹、无积油，压力释放器无喷油痕迹。

⑤ 检查瓦斯继电器是否充满油，压力释放器（安全气道）是否完好无损。

⑥ 检查变压器附近周围环境及堆放物是否有可能威胁变压器的安全运行。

⑦ 检查气体继电器与储油柜间连接阀门是否打开，气体继电器内有无气体，且充满油。

⑧ 检查消防器材是否按时校验，是否有异常气味。

⑨ 一人手持红外热成像仪对电缆接头进行扫描，查看是否有异常发热部位；另外一人对检查人进行监督，确保其不去触碰带电部位，并且与变压器保持安全距离。

巡检记录：巡检结果与内容可记录于《箱式变压器室巡检表》。

（2）箱式变压器室巡检注意事项

① 箱式变压器室巡检过程中，需要集中精力，不得做与巡检无关的工作；并且在对箱变室设备进行维护时，严禁佩戴影响工作和安全的金属饰品。

② 巡检变压器过程中，严禁伸手触摸带电部位，并且与变压器保持安全距离；在对箱变室进行维护时，应穿绝缘靴，佩戴相应的绝缘手套，并且断开相应的高压侧断路器，严禁带电进行操作。

8. 计算机监控系统的巡检

光伏电站规模大、设备数量多，因此一套完整的监控系统必不可少。电站运维工作过程中，可以通过监控系统发现问题、控制设备，因此，高效的运维工作离不开稳定的监控系统。

巡检对象：中控室所有监控界面；巡检工具：热成像仪。

（1）计算机监控系统的巡检步骤

① 检查上位机各服务器运行是否正常，通信是否正常，网络交换机、GPS 时钟装置运行是否正常、电源供电是否正常。

② 检查发电单元控制主机运行是否正常，各方阵中箱变、逆变器、汇流箱等数据采集是否正常，通信是否正常，电源供电是否正常。

③ 检查光功率预测系统各太阳能资源指标显示是否正常，光功率预测与实际发电比较，检查偏差是否在正常范围之内，与省调通信是否正常。

④ 检查公用测控盘各模块运行是否正常、有无报警信号、与各设备通信是否正常，显示屏各数据显示是否正常，设备各元器件有无过热、异味、断线等情况，环境监测仪通信是否正常，数据采集是否正常。

⑤ 检查逆变器室数据采集装置各模块运行是否正常、有无报警信号、与各设备通信是否正常，显示屏各数据显示是否正常，设备各元器件有无过热、异味、断线等情况。

⑥ 检查打印机中硒鼓及纸张是否准备完善，确认打印机是否能正常工作。

巡检记录：巡检结果与内容可记录于《继电保护室巡检记录表》。

（2）计算机监控系统的巡检注意事项

① 巡检过程中，严禁在监控系统工作站上进行与工作无关的操作，严禁在工作站上使用U盘、移动存储设备、光盘等。

② 巡检过程中，巡检人员不得擅自将所有操作员工作站同时退出，若因故障必须退出检修时，应征得当值值班长同意方可进行操作，故障检修完毕后应迅速恢复监控界面。

③ 监控系统所用电源不得随意中断，发生电源中断后应立即组织维护人员进行相应的恢复，如果需要切换备用电源，切换前必须确认备用电源供电正常。

④ 巡检过程中，若监控系统发出重要的报警信号，如设备掉电、设备故障、通信中断等，应立即派运维人员前往处理。

⑤ 巡检过程中，如果需要在工作站上进行远方合分闸、开停逆变器等操作，必须征得当值值班长同意方可进行操作，严禁私自进行操作。

⑥ 若操作员工作站同时出现故障（如通信中断等），应立即前往发电单元控制主机进行监视和控制操作，并立即联系相关人员处理故障。

9. 通信系统巡检

光伏电站通信系统巡检主要是对光伏电站数字调度通信系统、通信系统电源等设备进行日常巡视、维护等。巡检对象：光伏电站通信机房中所有数字通信设备；巡检工具：热成像仪。

（1）通信系统巡检步骤

① 检查通信机房照明是否正常；各门窗关闭是否良好，室内温度是否保持在5~35 ℃之间。

② 检查各屏柜柜门是否完好，门锁是否正常。

③ 检查通信直流电源系统运行是否正常，高频开关电源风扇运转是否正常，各信号灯指示是否正常。

④ 检查通信系统通信管理机、路由器、交换机、防火墙和各类服务器以及光传输设备运行是否正常，有无异常报警指示。

⑤ 通信直流电源系统巡回检查项目如下：

• 检查各蓄电池外壳是否完好，无溢液、外壳膨胀等现象。

• 检查各导电连接处有无打火、发热现象；线缆接头连接是否正常、稳固，无松动、接触不良等现象；用热成像仪检查接头处有无异常发热现象。

• 检查直流母线电压、浮充电流是否正常；充电模块工作是否正常。

• 检查各机械仪表指示是否正常，各信号是否指示正常。

• 检查各元件有无过热、焦糊味、异常声音、故障指示。

巡检记录：巡检结果与内容可记录于《继电保护室巡检记录表》。

（2）通信系统巡检注意事项

① 若巡检过程中发现生产调度电话无声音或者电话无法拨出、拨入应立即使用手机向电网、省调、地调以及相关领导进行汇报，并迅速查明原因；若是电话问题应立即更换，若是通信线路问题应立即联系相应网络服务商进行处理。

② 蓄电池充电期间，严禁进行焊接工作，充电完毕后，须通风两小时，办理相关操作票后，方可进行焊接工作。

③ 蓄电池室严禁烟火，严禁未通风使用可能产生电火花的工器具。

10. 静止无功发生器的巡检

静止无功发生器（Static Var Generator，SVG）又称高压动态无功补偿发生装置，或静止同步补偿器，是指用自由换相的电力半导体桥式变流器来进行动态无功补偿的装置。SVG 是目前无功功率控制领域内的最佳方案。相对于传统的调相机、电容器电抗器、以晶闸管控制电抗器（TCR）为主要代表的传统方式，SVG 有着无可比拟的优势。巡检对象：SVG 静止无功发生器；巡检工具：热成像仪。

（1）SVG 静止无功发生器的巡检步骤

① 检查 SVG 电压补偿装置设备运行是否正常，有无异常声音，室内温度不能超过允许范围，空调运行是否正常。

② 检查 SVG 装置、避雷器等户外一次设备运行声音是否正常、无异音、无放电现象，瓷瓶无污垢，无裂纹。

③ 检查隔离开关指示是否正确，机构是否正常，有无变形、发热、变色现象，连锁机构是否正常。

④ 检查 SVG 电容器无漏液、外壳有无明显膨胀变形、外壳温度有无异常升高及运行时有无局部放电声。

⑤ 检查电抗器水平、垂直绑扎带有无损伤。

⑥ 检查线圈垂直通风道是否畅通。

⑦ 检查 SVG 控制盘微机运行是否正常，有无异常报警和故障信息，故障录波器运行是否正常。

⑧ 检查导线接头，确认无打火、过热现象。

⑨ 每天进行一次夜间熄灯检查，查看系统中是否有电晕产生及局部放电现象。

⑩ 供电系统不正常时要增加检查次数，气候恶劣时应进行特殊检查。

巡检记录：巡检结果与内容可记录于《SVG 静止无功发生器巡检记录表》。

（2）SVG 静止无功发生器的巡检注意事项

SVG 设备运行一个月要进行一次清除灰尘处理，采用电吹风机除去功率柜散热器及其他部分灰尘。具体步骤如下：

① 确认 SVG 停止运行，高压开关在检修状态。

② 功率柜A、B、C三相均挂接地线。

③ 清除设备上的灰尘。

④ 拆除接地线，确定没有物品遗留在功率单元室内。

⑤ 设备恢复运行。

11. 继电保护及自动装置

当电力系统中的电力元件（如发电机、线路等）或电力系统本身发生了故障危及电力系统安全运行时，能够向运行值班人员及时发出警告信号，或者直接向所控制的断路器发出跳闸命令以终止这些事件发展的一种自动化措施和设备，实现这种自动化措施的成套设备，一般通称为继电保护装置。巡检对象：光伏电站所有继电保护及自动装置；巡检工具：热成像仪。

（1）继电保护及自动装置巡检步骤

① 检查各保护及自动装置工作电源投入是否正常。

② 检查各保护及自动装置电压测量二次回路投入是否正常。

③ 检查各保护及自动装置采集的电气量参数是否正常。

④ 检查运行中的各保护功能和出口联片，是否与当时运行方式相对应。

⑤ 检查经常通电的元件或插件有无过热、异味、异音等不正常现象。

⑥ 检查保护及自动装置人机接口工作是否正常，信号指示灯显示是否正常，有无报警信号。

⑦ 检查各保护及自动装置及插件连接是否良好，端子和插头有无松动脱落。

⑧ 检查各保护盘柜柜门关闭是否良好，门锁是否完好，各安全标识是否完好。

巡检记录：巡检结果与内容可记录于《继电保护室巡检记录表》。

（2）继电保护及自动装置巡检注意事项

① 巡检过程中，若发现保护装置异常可能有误动作，应立即退出相应保护，并且悬挂标识牌做安全隔离，向当值值班长反映情况并立即联系人员进行处理。在故障未处理完的情况下禁止投入该保护装置。

② 巡检过程中，禁止私自投退压板，如果需要投退压板需要经当值值班长同意。

12. 直流控制电源的巡检

直流系统是一个独立的电源，它不受厂用电及系统运行方式的影响，并在外部交流电中断的情况下，保证由后备电源即蓄电池继续提供直流电源的重要设备。巡检对象：光伏电站直流控制系统；巡检工具：热成像仪。

（1）直流控制电源的巡检步骤

① 检查各蓄电池外壳是否完好，有无溢液、外壳膨胀等现象。

② 检查各导电连接处有无打火、发热现象；检查线缆接头连接是否正常、稳固，有无松动、接触不良等现象；用热成像仪检查接头处有无异常发热现象。

③ 检查直流母线电压、浮充电流是否正常；充电模块工作是否正常。

④ 检查各机械仪表指示是否正常，各信号指示是否正常。

⑤ 检查各元件有无过热、焦煳味、异常声音、故障指示。

⑥ 检查绝缘监测装置工作是否正常，有无接地报警。

⑦ 检查各开关刀闸位置是否正确，保险有无熔断；开关分合是否正常。

巡检记录：巡检结果与内容可记录于《继电保护室巡检记录表》。

（2）直流控制电源的巡检注意事项

① 蓄电池充电期间，严禁进行焊接工作，充电完毕后，须通风两小时，办理相关操作票后，方可进行焊接工作。

② 蓄电池室严禁烟火，严禁未通风使用可能产生电火花的工器具。

③ 巡检过程中若绝缘监测装置发出报警，应立即根据报警提示查找问题所在并且将问题反映给当值值长。

13. 交流控制电源的巡检

交流控制电源也称为UPS，即不间断电源，是将蓄电池（多为铅酸免维护蓄电池）与主机相连接，通过主机逆变器等模块电路将直流电转换成市电的系统设备。

巡检对象：光伏电站UPS（通常为2套，一备一用）；巡检工具：热成像仪。

（1）交流控制电源的巡检步骤

① 检查盘面各仪表和指示灯工作是否正常。

② 检查交流输入电源是否正常；直流输入电源是否正常；交流输出电压是否正常。

③ 检查监控盘面有无故障报警信息。

④ 检查通风孔是否清洁及有无阻塞物。

⑤ 检查盘面各开关和把手位置是否正确。

⑥ 检查设备各电气元件有无过热、异味、断线等异常情况。

巡检记录：巡检结果与内容可记录于《继电保护室巡检记录表》。

（2）交流控制电源的巡检注意事项

① 巡检过程中，严禁用手触碰蓄电池与电缆连接部位。

② 若在巡检过程中发现面板表面按键失灵，应立即向当值值班长反映，在征得值班长同意的前提下对设备进行处理，严禁私自拆卸设备。

14. 站用配电装置的巡检

站用配电装置主要包括站用变、低压配电盘等设备，是用于给光伏电站照明等设备供电的装置。巡检对象：站用变、低压配电柜等站用配电装置；巡检工具：热成像仪。

（1）站用配电装置的巡检步骤

① 检查配电设备声音是否正常，有无放电及异常振动，有无绝缘烧损味。

② 检查瓷质设备有无裂纹和闪络放电痕迹。

③ 检查设备外壳接地装置是否良好，有无松动及发热现象。

④ 检查开关、刀闸、母线、引出线及其他电气连接部分是否过热、变色、变形及接触不良，开关、刀闸位置与指示是否正确。

⑤ 检查各表计指示是否在正常范围内，各信号指示是否正常，是否与当时设备状态相符。

⑥ 检查各传动机构有无变形、松动及损坏，检查带电显示器、电磁锁是否正常。

⑦ 检查各控制、操作电源开关是否投退正确；检查各二次元件连接是否完好，有无发热烧损。

⑧ 检查开关、刀闸的操作电源及操作电压是否正常；检查各设备操作箱内的电热是否根据当时的环境温度投退；雷雨过后或过电压后要及时检查避雷器动作情况。

⑨ 检查各配电装置柜门关闭是否良好，严禁打开运行中的高压配电装置前、后柜门。

⑩ 检查配电设备建筑物有无危及设备安全运行的现象，如漏水、掉落杂物等。

巡检记录：巡检结果与内容可记录于《高压开关室、低压开关室巡检记录表》。

（2）站用配电装置的巡检注意事项

① 巡检过程中，若发现主电源有故障报警可能会引起全站失电，此时应及时向当值值班长汇报并且在检查备用电源切换装置后迅速投入备用电源。

② 当主、备用电源均出现故障，均不能尽快恢复供电时，应立即接入柴油发电机组，保证调度通信电源、直流系统供电，保证主变冷却系统供电正常，并且及时通知相关领导尽快进行检修。

③ 当发生接地故障报警时，应先切除相应负荷再进行检查，并且在检查过程中穿戴相应安全防护工具，防止触电现象发生。

15. 高压开关柜的巡检

高压开关柜是指用于电力系统发电、输电、配电、电能转换和消耗中起通断、控制或保护等作用的控制柜。巡检对象：光伏电站中的所有高压开关柜；巡检工具：热成像仪，万用表。

（1）高压开关柜的巡检步骤

① 两人配合，一人检查，一人记录和监督；检查各高压开关柜柜体表面是否完好（有无锈蚀、变形、掉漆、外壳破碎等），表面锁扣是否失效，安全标识是否齐全完好，柜体编号是否完好。

② 检查高压开关柜运行过程中是否有异常声音发出，是否有异常震动和异常气味产生。

③ 检查各状态指示灯与断路器实际状态是否相符。

④ 检查保护装置有无报警信号。

⑤ 检查开关柜内电度表运行是否正常，开关柜上电流、电压指示表工作和指示是否正常。

⑥ 检查小电流接地选线装置运行是否正常无报警。

⑦ 检查保护压板投退是否正确无误。

⑧ 检查安全工器具是否合格、齐备。

⑨ 每月一次使用红外热成像仪对线缆接头处进行扫描，查看是否有异常发热部位。

巡检记录：巡检结果与内容可记录于《高压开关室、低压开关室巡检记录表》。

（2）高压开关柜的巡检注意事项

① 巡检过程中，对于高压开关柜监控面板上显示的异常报警，应报告当值值班长征得其同意后方可进行查找处理，严禁私自开启高压柜进行检修。

② 检修高压开关柜时，应穿戴绝缘服、绝缘靴、绝缘手套等安全防护用品，并且在手车移至"试验位置"、断路器断开、接地刀闸闭合的前提下才能进行检修工作；在检修时，应在

柜体外部醒目位置悬挂"禁止合闸"的标识牌。

③ 高压设备发生接地时，室内不得接近故障点4 m以内，室外不得接近故障点8 m以内。进入上述范围以内人员必须穿绝缘靴，接触设备的外壳和架构时，应戴绝缘手套。

16. 主变压器的巡检

变压器是利用电磁感应的原理来改变交流电压的装置，主要构件是初级线圈、次级线圈和铁芯（磁芯）。主要功能有：电压变换、电流变换、阻抗变换、隔离、稳压（磁饱和变压器）等。巡检对象：升压站中的主变压器；巡检工具：热成像仪。

（1）主变压器的巡检步骤

① 两人一组，一人检查，一人记录和监督；首先检查变压器运行过程中是否有异常声音发出，是否有异常震动和异常气味产生。

② 检查变压器油枕油位是否在正常范围之内。

③ 检查变压器呼吸器内呼吸剂有无潮解，油色是否透明无杂质。

④ 检查变压器本体是否清洁，有无渗油漏油现象。

⑤ 检查变压器油温及绕组温度是否超过规定值。

⑥ 检查变压器瓦斯继电器内部是否充满油、无气体，有无漏油渗油现象。

⑦ 检查变压器冷却风扇运行是否正常，有无摩擦震动现象。

⑧ 检查变压器外壳接地线是否完好并可靠接地。

⑨ 检查有载调压开关是否能可靠工作，位置指示是否正常。

⑩ 每月一次使用红外热成像仪对线缆接头处进行扫描，查看是否有异常发热部位。

巡检记录：巡检结果与内容可记录于《户外开关机主变压器巡检记录表》。

（2）主变压器的巡检注意事项

① 高压设备发生接地时，室内不得接近故障点4 m以内，室外不得接近故障点8 m以内。进入上述范围人员必须穿绝缘靴，接触设备的外壳和架构时，应戴绝缘手套。

② 雷雨天气，需要巡视室外变压器时，应穿绝缘靴，并不得靠近避雷器和避雷针。

③ 主变压器巡检过程中，需要集中精力，不得做与巡检无关的工作；巡检主变压器过程中，严禁伸手触摸带电部位，并且与变压器保持安全距离。

3.6 光伏电站设备运维规范

光伏电站设备运维规范规定了光伏电站设备的运行、维护、巡回检查、故障处理、安装更换及运维应注意的事项，是运维人员对光伏电站设备进行运行与维护的工作标准和工作依据。

3.6.1 光伏组件的运行维护

1. 光伏组件的运行规定

① 运行中不得有物体长时间遮挡电池组件光线，避免电池组件无光照部位发生热斑效应。

② 组件的固定压块的螺钉紧固无松动。

③ 组件边框接地，边框和支架的接触电阻应不大于0.24 Ω，接地电阻不大于4 Ω。

④ 方阵电池组件应无碎裂、破碎现象。

⑤ 同一汇流箱光伏组件的支路电流最大值与最小值的差值不超过平均值的5%。

⑥ 电池组件间连接插头应安全牢靠无虚接。

⑦ 每天在监控系统中对支路电池组串电流进行监测，对小于该汇流箱平均支路电流0.5 A的支路进行记录和现场检查。

⑧ 在大风天过后需要对方阵进行一次全面巡检。

⑨ 方阵组串必须悬挂标识牌且内容清晰。

⑩ 电池组件不应发生过电流运行情况。

⑪ 电池组件污秽，电池组件输出下降时应及时清扫。

⑫ 电池组件膜色不应出现明显变黄过热灼烧现象。

⑬ 电池组件应密封不应发生破损。

⑭ 组件的最高工作温度不超过85 ℃。

⑮ 光伏组件接线盒无变形、鼓起、开裂、融化。

2. 光伏组件巡检内容

① 检查电池组件的边框是否整洁、平整、无腐蚀斑点。

② 检查组件表面无裂痕、无划痕、无碰伤、无破裂现象，组件整体盖板是否整洁、平直，表面无树叶、杂草、鸟粪等遮挡物。

③ 检查电池组件间连接插头无脱落、烧损现象。

④ 检查接线盒无腐蚀和炭化，检查接线盒是否盖好。

⑤ 检查各电池组件外壳、支架接地完好，边框和支架的接触电阻应不大于0.24 Ω，接地电阻不大于4 Ω。

⑥ 在太阳辐照较好时检查组件的温度，不应超过85 ℃，单块组件各区域的温差不超过20 ℃。

⑦ 检查支架基础牢靠，各部螺栓无松动，焊接牢固，支架无变形，表面无锈蚀，否则应进行刷漆等方法防锈。

⑧ 检查电池组件玻璃或背面TPT背板，若有破损应将该组电池组串停止运行，将损毁的电池板正负极插头断开，并及时更换。

3. 光伏组件的维护

光伏电池组件的表面清理：

① 应针对实际组件清洁程度、转换效率下降情况，结合上网电价和清洗成本制定经济合理的电池组件清扫方案和周期。

② 有条件的电站可设置清洗参考组串，保持清洁，根据与其他正常积灰的组件的电流差来确定灰尘遮挡的影响，安排合理的清洗时间。

③ 组件表面出现积灰和污物应及时进行清洗。清洗要求如下：

- 春、夏、秋3个季节采用先除尘再用水洗，冬季采用人工抹布擦洗的方式。每次清洗完成后应保持组件干燥。
- 清洁时用清水冲洗，冲洗水压不超过厂家规定值。
- 电池板与水的温差不大于10 ℃，水质化验合格无腐蚀性，避免使用化学用品，清洗时间选择在傍晚或光照较弱的时候。
- 清理油污时，可使用无腐蚀性的清洗剂和柔软的布料。
- 清理时，要避免尖锐硬物划伤电池组件表面，避免组件受到外力损伤，避免碰松电池组件间的连接电缆。
- 清洗时，严禁人或清扫设备长时间遮挡电池组件，避免产生阴影引起热斑效应。

4. 光伏电池组件的更换

（1）更换条件

① 电池组件表面破裂或组件受损。

② 电池组件背板接线盒严重老化破损的。

③ 电池组件产生严重的"热斑效应"、电压下降超过10 V或旁路二极管导通无法进行单独更换的组件。

（2）更换步骤

① 断开汇流箱直流断路器，并挂"禁止合闸，有人工作"安全标示牌。

② 断开汇流箱对应的熔断器。

③ 拔开故障电池组件与串联电池组串的连线插头。

④ 单个电池组件检修时，应在检修组件表面罩上遮阳罩。

5. 光伏组件的故障处理

① 支路电流偏低时，应先检查组件是否被遮挡，若排除遮挡原因，可对组件进行开路电压测量及输出功率测量来查明原因进行处理。

② 支路无电流时，应先检查支路线路连接是否有问题，若非线路连接问题，可检测汇流箱内支路保险是否正常。

③ 电池组件发生着火时，应先断开与之相应的汇流箱开关、支路保险及相连电池组件接线，用干粉灭火器及消防沙进行灭火。

④ 方阵电缆绝缘不合格时，应断开各侧电源，并打开接头后逐级检测接地点。

⑤ 组件线缆出现烧损需更换时，应先断开与之相应的汇流箱开关、支路保险及相连电池组件接线，之后进行更换。

6. 组件运维注意事项

① 维护光伏组件的过程中，严禁佩戴影响工作和安全的金属饰品。

② 使用质量合格的绝缘工具。

③ 使用防护手套。

④ 在更换电池组件时，必须断开与之相应的汇流箱开关、支路保险及相连电池组件接线。

⑤ 在更换完电池组件后，必须测量开路电压，并进行记录。

⑥ 进行电池组件维护工作时，应使用绝缘工具，防止误碰带电体。

⑦ 开挖电缆沟时，要防止损伤沟内其他电缆。

⑧ 对于产生明显热斑的组件应注意防止烫伤。

3.6.2 汇流箱的运行维护

1. 汇流箱运行规定

① 汇流箱箱体应牢固，表面应光滑平整，无掉漆、锈蚀及裂痕现象。

② 汇流箱正常运行中柜门必须关闭，密封良好，柜内无沙尘、无积水、无锈蚀。

③ 汇流箱正常运行中柜体、电缆屏蔽线必须接地良好。

④ 汇流箱正常运行中不允许退出防雷模块。

⑤ 汇流箱通信模块应正常运行，显示屏正常刷新，输出通信量正常。

⑥ 汇流箱必须有标识，箱内必须有支路线标且与组串标识一致。

⑦ 汇流箱穿线孔锁母须紧固，若未使用穿线孔，必须使用防火泥封堵。

2. 汇流箱巡检内容

① 检查汇流箱正常运行时各熔断器是否全部投入，采集模块是否运行正常，防雷器、开关是否全部投入运行。

② 检查数据采集器指示是否正常，电流电压显示是否正常。

③ 检查各元件是否有过热、异味、断线等异常现象。

④ 检查汇流箱柜体接地线连接是否可靠。

⑤ 检查汇流箱锁具是否完好，密封完好。

⑥ 检查箱内各引线无掉落或松动或断线现象。

⑦ 检查各支路保险外观是否完好。

⑧ 检查汇流箱总输出开关是否在合闸位置，无脱扣。

⑨ 检查控制电源模块运行指示灯亮，各元件无异常。

⑩ 检查数据采集和通信模块运行指示是否正常，无异常。

⑪ 检查防雷模块是否正常。

3. 汇流箱的维护

（1）汇流箱投入

① 依次合上光伏电池组串输入正、负极熔断器。

② 合上输出直流断路器，汇流箱投入运行。

③ 检查支路是否全部运行正常。

（2）汇流箱退出

① 断开直流断路器。

② 依次取下输入正、负极保险。

③ 检查支路是否正常退出。

4. 汇流箱中直流断路器的更换

① 断开与该汇流箱对应的逆变器室内直流防雷配电柜中的汇流输入直流断路器。

② 依次取下汇流箱输入正、负极熔断器。

③ 更换直流断路器。

④ 注意对应原线号恢复，并紧固好螺钉。

⑤ 接线无松动。

5. 汇流箱故障处理

① 若发现汇流箱内部接线头发热、变形、熔化、接地等现象时，拉开汇流箱内直流断路器，然后进行线头处理及更换。

② 若汇流箱支路通信异常或无通信应先检查通信模块是否正常工作、汇流箱485接线端子是否接线牢靠，若无问题再检查监测模块的通信地址、波特率是否正确。

③ 若汇流箱监测模块检测的电流值偏差较大，应及时联系汇流箱厂家进行处理或整改。

④ 若发现汇流箱有冒烟、短路等异常情况或者发生火灾时，先断开汇流箱开关，再拨开箱内所有支路保险，之后进行处理。

6. 汇流箱运维注意事项

① 维护汇流箱过程中，严禁佩戴影响工作和安全的金属饰品。

② 使用质量合格的绝缘工具。

③ 使用防护手套。

④ 在汇流箱进行接线等接触导体的工作时，要断开汇流箱的断路器，取下汇流箱内所有熔断器，并悬挂安全标示牌。

⑤ 汇流箱更换保险时必须断开汇流箱总输出开关，更换保险必须使用同容量、同型号的保险、更换保险后，必须保证投入的保险两端导电部分与保险座接触部分接触良好。

3.6.3 逆变器的运行维护

1. 逆变器的运行规定

① 逆变器根据日出和日落的日照条件，实现自动开机和关机。

② 逆变器具有自动与电网侧同期功能。

③ 满足下列条件时，逆变器自动并网，无须人为干预。

④ 输入电压大于启动电压。

⑤ 电网电压、频率在逆变器允许范围值内。

⑥ 逆变器在"投入"状态。

⑦ 满足下列条件之一时，逆变器自动解列，无须人为干预。

⑧ 输入直流电压不在正常工作电压范围内。

⑨ 电网电压、频率异常。

⑩ 逆变器装置故障（自身保护）。

⑪ 逆变器并网运行时有功功率不得超过所设置的最大功率。

⑫ 当逆变器并网运行，系统发生扰动后，逆变器将自动解列，在系统电压、频率未恢复到正常范围之前，逆变器不允许并网。

⑬ 逆变器正常运行时不得更改逆变器任何参数。

⑭ 逆变器在运行中，必须保证逆变器功率模块风机运行正常，室内通风良好，禁止关闭或堵塞进、出风口。

⑮ 应定期对逆变器设备进行清扫工作，保证逆变器在最佳环境中工作。

⑯ 逆变器逆变模块需要进行检修维护工作时，在逆变模块拔出5分钟后方可进行模块的维护工作，工作结束10分钟后才能重新插入机柜（此操作不同厂家略有不同，以厂家提供的技术资料为准）。

2. 逆变器巡检内容

① 检查逆变器运行时各指示灯状态是否正常，控制面板有无故障报警信息。

② 检查逆变器运行是否正常，有无异响、异味。

③ 检查逆变器运行中各参数是否在规定范围内，重点检查以下运行参数。

• 直流电压、直流电流、直流功率。

• 交流电压、交流电流、频率。

• 发电功率、日发电量、累计发电量。

④ 检查逆变器模块运行是否正常。

⑤ 检查逆变器各电气连接部分是否正常，有无发热、放电现象。

⑥ 检查逆变器各开关状态是否正常。

⑦ 检查逆变器柜门锁是否正常（带闭锁功能的逆变器正常巡回时严禁开柜门，防止误开柜门引起停机）。

⑧ 检查逆变器及室内环境温度是否在正常范围内，通风系统是否正常，室内有无异味。

⑨ 检查逆变器本体滤网进风是否通畅，各部风机有无异响。

3. 逆变器的维护

（1）逆变器投入运行操作：

① 按"交流辅助电源接线要求"，接好交流辅助电源线缆。

② 按"交流辅助电源保险选择"将保险放入指定的保险盒。

③ 确保所有的直流配电开关断开。

④ 确保直流输入正负极正确，PV开路电压＜1 000 V，交流相序正确，电压范围在 $315 \times [1+ (-10\% \sim +15\%)]$ V内。

⑤ 闭合交流开关QAC。

⑥ 闭合辅助电源开关KB1或KB2，控制系统工作。

⑦ 观察LCD面板的信息提示，当出现"请闭合QPV直流开关"的信息框，闭合所有QPVn开关。

⑧ 约1 min后，听到并网接触器自动闭合的声音，表明逆变器并网成功，LCD面板显示"并网发电"。

（2）逆变器退出运行操作规定

① 逆变器停机，急停按钮按下。

② 拉开逆变器各直流输入开关。

③ 拉开逆变器交流输出开关。

（3）逆变器投入运行方式

① 逆变器就地手动投入运行操作。

② 逆变器中控远方投入运行操作。

（4）系统清洁（半年到一年一次）

① 检查电路板及原件的清洁。

② 检查散热器温度及灰尘。

③ 吹扫或更换空气过滤网。

（5）功率电缆连接（首次调试之后半年，此后半年到一年一次）

① 检查功率电缆是否松动，按照之前扭矩进行紧固。

② 检查功率电缆、控制电缆有无破损，尤其是与金属表面接触的表皮是否有损伤。

③ 检查电力电缆接线端子的绝缘包扎带是否脱落。

（6）端子、排线连接（一年一次）

① 检查控制端子螺钉是否有松动。

② 检查主回路端子是否有接触不良现象，螺钉位置是否有过热痕迹。

③ 目测检查设备终端等连接及排布。

（7）冷却风机维护（一年一次）

① 检查风机叶片是否有裂缝。

② 听风机运转是否有异常声音。

③ 若风扇有异常情况需及时更换。

4. 逆变器故障处理

① 直流欠压/过压，检查直流线路电压是否超过逆变器阈值，检查电压采样电路是否异常。

② 直流电压极性错误/交流相序错误，检查直流极性和交流相序及相应采样电路。

③ 三相电流不平衡，检查滤波装置和采样电路。

④ 交/直流接地故障，检查相应导体的对地绝缘和采样电路。

⑤ 防雷模块故障，检查防雷模块和反馈线路。

⑥ 电抗器温度高，检查电抗器风扇及其控制电路，检查反馈信号。

5. 逆变器运维注意事项

① 当触摸逆变器电子元器件时，必须遵守静电防护规范。

② 维护时，必须保证该逆变器已安全断电且机器所有带电元器件放电完毕，方可工作。

③ 紧急停机开关用于紧急情况下（如火灾，水灾等）关闭逆变器，也用于安全措施逆变器将关闭逆变模块输出，并迅速切断向电网供电。此时，逆变器的PV输入端口和交流输出端口仍然带电。

④ 逆变器由于保护动作停止工作，必须到现场检查并确认故障原因，如温度过高停机处理。

⑤ 故障原因查明并处理完毕后，按照逆变器投入步骤投入运行。

⑥ 如果逆变器具有暂时无法处理的故障，将逆变器交、直流两侧开关断开，做好检修的隔离措施，并做好故障现象及代码等相关信号的记录。

⑦ 当情况紧急时（如人员生命受到威胁、危及设备），值班人员可根据规定紧急停机，进行事故处理，但事后必须立即向上级汇报。

⑧ 如遇逆变器发生故障未能自动停机，可远方执行停机，现场及时断开箱变低压侧开关，并进行检查。

⑨ 逆变器异常退出运行，再次投入运行时，应检查直流电压及电流变化情况。

⑩ 同一方阵内一台逆变器柜内检修作业，必须将另一台逆变器停运，并将交直流侧开关全部断开。

3.6.4 35 kV系统的运行维护

1. 35 kV系统运行规定

（1）运行一般规定

① 35 kV箱式变电房高压侧负荷开关不能用来切断故障电流，可以进行变压器的充电操作，为就地手动操作。

② 35 kV箱式变高压侧保险熔断后更换时，需断开箱变高低压侧开关，并投入接地刀闸后方可进行更换。

③ 35 kV箱变更换高压限流熔断器时，应停电更换，更换时应佩戴干燥无污染的棉布手套。

④ 35 kV开关柜为金属凯装式结构，柜体由钢板多层折弯装配而成，开关由柜体和可抽出部分（手车）两大部分组成，柜体由手车室、母线室、电缆室、低压室组成。

（2）运行操作规定

① 35 kV高压开关柜在操作时，带负荷情况下不允许推拉手车。推拉开关小车时，应检查开关在断开位置。

② 合接地刀闸时，必须确认无电压后，方可合上接地刀闸。

③ "五防"机械连锁功能应正常，其中"五防"是指防止误分、合断路器；防止带负荷分、合隔离开关；防止带电挂（合）接地线或接地开关；防止带接地线合断断路器或隔离开

关；防止误入带电间隔。

④ 系统运行中，应经常检查带电显示器指示灯是否完好，若有损坏，应及时更换。

⑤ 进行紧急操作时，不能将手、身体和衣服与机械接触。

2. 35 kV系统巡检内容

（1）检查35 kV系统箱变

① 检查油位是否合适，油位计指针是否准确。

② 检查变压器盖板、套管、油位计、排油阀是否密封良好，有无漏油、渗油现象。

③ 检查产品零件有无损坏，如温度指示控制器、套管、气体继电器、压力释放阀等有无损坏。

④ 检查油箱接地是否良好。

⑤ 检查电源侧、负荷侧，进出线端子与断路器连接处压接是否牢固。

（2）检查35 kV高压开关柜

① 检查各位置指示灯与断路器实际位置是否相符。

② 检查分散保护装置有无报警信号。

③ 检查开关柜有无异味及异常声响。

④ 检查开关柜内电度表运行是否正常。

⑤ 检查开关柜上电流电压指示表是否正常工作。

⑥ 检查接线端子有无松动、过热现象，接地线是否良好。

（3）母线在运行中的巡检项目

① 检查绝缘子是否清洁，有无裂纹损伤、有无电晕及严重放电现象。

② 检查设备线卡、金具是否紧固，有无松动脱落现象。

③ 检查母线有无断股，连接片处有无发热，伸缩是否正常。

④ 所有架构的接地是否良好、牢固，有无断裂现象。

3. 35 kV系统故障处理

切断该组合变相应逆变器输出，断开组合变压器低压侧交流开关，断开环网柜相应开关，高压侧验电，确认变压器已断电隔离，进行限流熔断器更换。更换后恢复措施。

3.6.5　静止无功发生器的运行维护

1. 静止无功发生器（SVG）运行规定

① 若电站SVG属调度调管设备，任何停送电操作和设备检修均须取得调度值班人员的许可。

② SVG各支路线路保护要按规定投入。

③ SVG在运行中严禁分断SVG控制柜电源。

④ 严禁带载分断TCR（晶闸管控制电抗器）及滤波器的高压隔离开关。

⑤ 出现SVG控制器保护动作后，应先记录SVG监控软件上的内容再记录控制插卡箱和

击穿插卡箱上故障指示灯状态，后清除故障。

⑥ SVG运行中应监视TCR控制器的工作状态，出现异常情况应及时记录和处理。

⑦ 功率单元室内温度不应超过40 ℃，温度过高应及时启动风机和空调。

⑧ TCR阀组室每天进行一次夜间熄灯检查，查看系统中是否有电晕产生及局部放电现象。

⑨ SVG设备检修时必须做好停电措施，设备在停电至少15 min后方可装设接地线，任何人不得在未经放电的电抗器和电容器组上进行任何工作。电容器的两个电极用放电杆（专用）放电。

⑩ 功率单元装置周围不得有危及安全运行的物体。

2. SVG静止无功发生器巡检内容

① 检查SVG电压补偿装置设备运行是否正常，有无异常声音，室内温度是否超过允许范围，空调运行是否正常。

② 检查SVG装置、避雷器等户外一次设备运行声音是否正常，有无异音，有无放电现象，瓷瓶有无污垢和裂纹。

③ 检查隔离开关指示是否正确，机构是否正常，有无变形、发热、变色现象，连锁机构是否正常。

④ SVG电容器无漏液、外壳无明显膨胀变形、外壳温度无异常升高及运行时无局部放电声。

⑤ 检查电抗器水平、垂直绑扎带有无损伤。

⑥ 检查线圈垂直通风道是否畅通。

⑦ 检查SVG控制盘微机运行是否正常，有无异常报警和故障信息，故障录波器运行是否正常。

⑧ 检查导线接头，确认无打火、过热现象。

⑨ 每天进行一次夜间熄灯检查，查看系统中是否有电晕产生及局部放电现象。

⑩ 供电系统不正常时要增加检查次数，气候恶劣时应进行特殊检查。

3. SVG静止无功发生器操作规定

（1）投运SVG

① 检查SVG所对应接入的高压开关柜，接地刀已经拉开。

② 检查高压开关柜断路器是否在断开的位置。

③ 检查无功补偿对应开关柜是否已经具备合闸条件。

④ 按下SVG控制柜复位按钮，查看装置就绪灯是否常亮，装置闭锁灯是否常亮。

⑤ 查看SVG开模拟量显示，各模块直流链接电压是否为0 V。

⑥ 查看状态量显示情况。

⑦ 按下SVG开机按钮合上对应高压开关，查看模拟量电压是否正常，启动开关是否闭合，各链接电压是否正常，风机是否自启。

⑧ 投运完成。

（2）停运 SVG

① 断开开关柜断路器。

② 停止触发脉冲。

③ 拉开 TCR 及隔离开关。

④ 停止主控单元（白色按钮启动，黑色按钮停止）。

⑤ 关闭 SVG 控制程序，关闭控制柜上的计算机。

⑥ 拉开 SVG 控制柜交直流开关电源。

⑦ 停运完成。

4. SVG运维应注意事项

① 电容器停运后要等 10 min 放电时间后才能操作隔离开关。

② SVG 在运行中严禁分断 SVG 控制柜电源。

③ 出现 SVG 控制柜保护动作后，应先记录监控软件上的内容，再记录控制单元、击穿单元内数码管的数字。

④ 保证空调运行良好。

⑤ 投运 SVG，在 TCR 参与运行的情况下，不允许只投高次通道不投低次通道。

⑥ 滤波通道停运后如再次投运需要间隔 10 min 放电时间。

5. SVG静止无功发生器的维护

SVG 设备运行一个月要进行一次清除灰尘处理，采用电吹风机除去功率柜散热器及其他部分灰尘。具体步骤如下：

① 确认 SVG 停止运行，高压开关在检修状态。

② 功率柜 A、B、C 三相均挂接地线。

③ 清除设备上的灰尘。

④ 拆除接地线，确定没有物品遗留在功率单元室内。

⑤ 设备恢复运行。

6. SVG静止无功发生器故障处理

（1）SVG 装置模块死机

① 故障现象。系统立即跳闸上位机弹出红色警告对话框，显示"综合保护板死机""电流采样板死机""电压采样板死机""通信板死机""击穿系统板死机""击穿检测板死机"。

② 故障处理：

• 记录上位机显示的故障现象和下位机控制插卡箱数码管的状态。

• 更换相应的插件，重新启动 SVG 系统，查看故障是否排除。

• 更换综合保护板，重新启动 SVG 系统，查看故障是否排除。

• 更换通信板，重新启动 SVG 系统，查看故障是否排除。

（2）SVG装置温度故障

① 故障现象。温度故障，系统立即跳闸上位机弹出红色警告对话框，显示"温度保护"。

② 故障处理。将室内换气装置开启，打开备用空调，等待室内温度降低后再重新启动SVG设备。

（3）SVG晶闸管击穿故障

击穿检测板分为AB、BC、CA三相，三相击穿检测板可以互换使用，并且击穿现象和故障处理方法类似。这里以AB相击穿检测板为例进行说明。

① 故障现象。AB相击穿检测板报击穿故障，分为两种情况：一种是击穿的晶闸管数量小于击穿整定值的数量，此时只是报故障现象，即虽然有晶闸管击穿但是并不跳闸，SVG系统还可以正常运行。另一种是击穿的晶闸管数量大于或等于击穿整定值的数量，此时既报故障现象又立即跳闸，保护SVG系统以免击穿更多晶闸管。击穿数量大于或等于整定值（以1、2、3号晶闸管击穿为例）。系统立即跳闸，上位机弹出红色警告对话框显示"1、2、3硅跳闸，AB击穿检测板跳闸"。点击上位机监控软件的"晶闸管监控"按钮，可以看到AB相1、2、3号晶闸管位置的灯熄灭。下位机击穿插卡箱的AB相，击穿检测板的数码管显示数字"4"，对应的第1、2、3个二极管熄灭。

② 故障处理。第一种故障情况可以等到系统检修时进行故障处理；第二种情况需要立即进行处理。处理步骤如下：

- 确认SVG设备停止运行，高压开关在检修状态，功率柜三相均挂接地线。
- 根据光纤两侧的号码确认功率柜一侧发生故障晶闸管的位置。
- 用万用表调到欧姆 R×1k 挡上，测量该位置晶闸管两端（正反相）电阻值应不小于 39 kΩ。
- 如果晶闸管电阻小于 39 kΩ，卸下晶闸管重新测量。电阻值小于 39 kΩ，晶闸管击穿。如果晶闸管正常，阻容吸收电路中的电容器可能损坏。用电容表测量电容值查看是否与标牌一致。
- 如果晶闸管电阻不小于 39 kΩ，用万用表测量该位置阻容吸收电路的电阻阻值是否约为 40 Ω，如果不是则该电阻损坏。
- 做低压导通试验，查看晶闸管是否正确导通。
- 以上均正常，更换击穿检测模块，拆除地线，启动系统、投运TCR高压查看是否正常。
- 更换击穿反馈光纤，拆除地线，启动系统、投运TCR高压查看是否正常。
- 更换击穿AB相击穿检测板，拆除地线，启动系统、投运TCR高压查看是否正常。

（4）过流故障

AB、BC、CA三相的过流故障现象及处理方法相类似，这里以AB相过流为例进行说明。

① 故障现象。过流故障按照过流值与设定值的关系反应时间是不相同的。以1.3倍过流、1.5倍过流和2.3倍过流为3个分界点，当大于1.3倍过流小于1.5倍过流时，反时限1动作（反应时间为 10 s）。当大于1.5倍过流小于2.3倍过流时，反时限2动作（反应时间为 1 s）。当大于2.3倍过流时，反时限3动作（反应时间为0.1 s）。

过流故障时，系统立即跳闸上位机弹出红色警告对话框，显示"反时限1动作AB；过流

320"。下位机控制插卡箱的保护板数码管显示数字"1",控制板数码管显示数字"9"。

② 故障处理。过流故障时电流瞬时值很大,可能引起晶闸管击穿、高压进线电缆损坏等一系列后果。

- 压进线电缆是否有击穿,如果击穿了立即更换。
- 检查晶闸管是否击穿,如果击穿了立即更换。
- 重新投运前,一定要做低压导通试验和高压柜连锁试验。

（5）通信故障

① 故障现象。系统立即跳闸上位机弹出红色警告对话框,显示"综合保护板通信故障"或"控制板××通信故障""电流采样板通信故障""电压采样板通信故障""通信板通信故障""击穿系统板通信故障""××击穿检测板通信故障"等故障信息。

② 故障处理:

- 记录上位机显示的故障现象和下位机控制插卡箱数码管的状态。
- 向上级主管领导和调度部门汇报。
- 根据保护动作信息更换相应的插件,重新启动 SVG 系统,查看故障是否排除。
- 若重启不成功则更换通信板,重新启动 SVG 系统,查看故障是否排除。
- 若更换插件后仍然不能排除故障,须联系厂家处理。

3.6.6 继电保护及自动装置的运行维护

1. 继电保护及自动装置运行规定

（1）新投运保护设备或保护自动装置检修、变动后应履行的手续

① 检修人员必须进行保护出口和联动等试验,以确定保护值的正确性符合要求。

② 检修人员必须在保护作业记录本上认真填写该项目作业的内容、装置能否投运等,并向运行人员做必要的现场交代。

③ 相关的保护装置说明书、图纸及试验记录应在设备投运前下发至运行部门。

④ 设备投运前运行人员应检查图纸是否与现场相符、保护定值是否与定值通知单相符、设备标志标识是否齐全。

⑤ 当值值班长应与值班调度员按保护定值通知单核对保护定值,核对保护定值时应以保护装置打印出的定值清单为依据。

⑥ 保护装置保护定值核对无误后,方可按照调度命令投入相应保护。

（2）保护投入或退出时规定

① 属调度管辖的保护设备的投入与退出应按调令执行,并记录命令、内容、时间、发令人姓名。非调度管辖的保护设备投入与退出可由当班值班长决定,并做好记录。

② 有信号位置的保护压板,应先投信号位置,检查信号继电器不动作时,再投入跳闸位置。

③ 运行设备的保护装置压板投跳闸前,应先行验电,禁止在两端带不同极性电时投入保护压板。

④ 保护装置投入压板时先投入保护功能压板，后投入保护出口压板。

⑤ 带有电压回路的继电保护装置，无论装置内部有无失压闭锁功能、在操作或运行中都不得失去电压，若从信号或表得知电压回路断线应做如下处理：

- 将因失去电压可能误动的保护装置退出。
- 迅速查明断线原因，如属保险熔断则更换同容量的保险，如属开关断开则合上该开关。
- 更换保险又熔断或自动空气开关再次跳闸，应立即报告主管生产经理，并采取相应措施，同时联系维护人员。
- 及时汇报上级调度值班人员。
- 运行中的保护装置因工作需要断开直流电源时，应先经相关调度值班人员同意断开其出口压板后再断开直流电源。
- 运行、备用中的设备不允许将两套主保护同时退出运行。

（3）保护装置及回路检修时的规定

① 对调度管辖设备，应提出设备停电检修申请并获得值班调度员的同意。

② 如果需要主设备停运，应经主管领导同意，并联系值班调度员，获得许可后方可进行；遇有紧急情况时按上级有关规定或规程执行。

③ 若保护改变接线或定值，应由上级下达书面批准的方案、图纸或命令。

④ 保护回路作业时必须全部断开保护作用于设备的出口回路。

⑤ 保护回路作业中，必须避免电压互感器二次回路短路、电流互感器二次回路开路。

⑥ 保护装置有作业时除必须停用该保护跳闸回路外，还必须将启动后备保护的连片断开。

⑦ 在下列情况下作业应将差动保护退出：

- 差动变流器二次回路改线。
- 差动保护二次回路打开线头作业。
- 差动变流器更换。
- 保护装置本身的作业。
- 上述作业完成后，必须测定差流合格，极性正确，满足要求后方可投运。

⑧ 主变压器检修时，应将主变压器所有保护压板退出。

⑨ 线路光纤差动保护的投退必须按上级调度命令执行，线路带负荷后通知维护人员必须及时检查两端差流满足运行要求。

⑩ 带纵联保护的微机线路保护装置如果需要停用直流电源，应在两侧纵联保护停用后再停用。

⑪ 在下列情况下应停用整套微机继电保护装置：

- 微机继电保护装置使用的交流电压、交流电流、开关量输入、开关量输出回路作业。
- 装置内部作业。
- 继电保护人员输入定值影响装置运行时。

⑫ 330 kV、35 kV故障录波装置和系统安全稳定装置必须按调度命令投退。

⑬ 330 kV、35 kV故障录波装置应每年进行一次清扫检查和数据维护。

⑭ 继电保护管理机和PUM必须按规定投入运行，任何人员不得擅自停运或重启，不得擅

自断开其工作电源。

⑮ 继电保护定值变更后，应按保护定值通知单要求执行，作废的保护定值单必须加盖"已作废"印章，并从保护定值单管理文件夹中撤出，保护定值单更换后必须由执行人及时签字登记。

⑯ 继电保护室的温度不宜超过 35 ℃，夏天高温天气时，须启动室内空调或通风设备降低室温。

⑰ 在继电保护、自动装置回路上工作或继电保护、自动装置盘上进行打孔等振动较大的工作时，凡对运行有影响者应将有关情况汇报主管生产经理，在得到同意后方可工作。工作前应采取防止运行中设备误跳闸的措施，必要时应经调度同意将有关保护暂时停用，并做好安全措施。

2. 继电保护及自动装置巡检内容

① 检查各保护及自动装置工作电源投入是否正常。

② 检查各保护及自动装置电压测量二次回路投入是否正常。

③ 检查各保护及自动装置采集的电气量参数是否正常。

④ 检查运行中的各保护功能和出口联片，应与当时运行方式相对应。

⑤ 检查经常通电的元件或插件有无过热、异味、异音等不正常现象。

⑥ 检查保护及自动装置人机接口工作是否正常，信号指示灯显示是否正常，有无报警信号。

⑦ 检查各保护及自动装置及插件连接是否良好，端子和插头有无松动脱落。

⑧ 检查各保护盘柜柜门关闭是否良好，标示标号是否完善。

3. 继电保护及自动装置故障处理

① 值班人员发现保护装置和自动装置有异常时，应立即汇报调度或值长，并按下列规定处理：

- 电流互感器二次回路开路或电压互感器二次回路短路时，应迅速将与互感器连接的保护退出，通知维护人员处理或值班人员自行处理。
- 发"电压回路断线"光字牌时，应退出相关的保护，并进行处理或通知维护人员处理。
- 当发现装置异常，有误动作可能时，应立即将该保护退出，通知维护人员处理。

② 保护、自动装置直流系统发生接地时，应立即通知维护人员进行检查。

③ 设备发生事故时，值班人员应及时检查并准确记录保护装置及自动装置的动作情况：

- 哪些开关跳闸，哪些开关自投。
- 出现哪些语音、简报信息。
- 哪些保护装置的何种保护动作出口。
- 保护装置及自动装置动作时间。
- 电压、频率、负荷变化情况及故障原因。
- 保护装置出现误动时，应保持原状，并通知维护人员处理。

④ 运行人员应将保护动作情况记录清楚，并汇报值长，在得到值长的许可后方可复归信号。

⑤ 值班长应在值班记事本上记录清楚，调度所调管设备及保护应及时汇报调度员，并在事故24小时内写出书面报告，并汇报主管生产经理。

3.6.7　直流控制电源的运行维护

1.　直流控制电源系统运行规定

直流系统的电压值不得高于额定值的110%（243 V），不得低于额定值的95%（209.9 V）。

① 直流220 V控制电源系统正常运行方式如下：

- 直流220 V控制电源系统正常分段运行，任一组蓄电池维护时，两段母线联络运行。
- 正常运行时，每段充电/浮充电装置处于浮充状态，不仅通过母线向负荷供电，也同时向蓄电池浮充供电。

② 对蓄电池进行核对性充放电时，母线电压设置不能高于额定电压的110%，即不能高于243 V。

③ 由于充电机高频电源模块为 $N+1$ 冗余配置，当工作中一块高频电源模块出现故障时，联系维护人员检查处理。

④ 直流220 V控制电源系统不允许将蓄电池退出而仅由充电装置单独供电。

⑤ 本直流电源装置实行微机绝缘在线检测，不采用拉闸停电方式来寻找接地支路，通过装置报警进行排查。

⑥ 绝缘电阻规定（使用500 V摇表）：

- 直流系统绝缘电阻不得低于0.5 MΩ。
- 负载回路的每一支路绝缘电阻不得低于0.5 MΩ。
- 直流小母线在断开其有关支路时，其绝缘电阻不得小于1 MΩ。

⑦ 蓄电池室运行应遵守下列规定：

- 蓄电池室必须保持良好的通风，排风机投入运行。
- 严禁穿可能产生火花的鞋或衣服进入蓄电池室。
- 蓄电池室严禁烟火，严禁未通风使用可能产生电火花的工器具。

⑧ 在蓄电池室进行焊接工作必须遵守下列规定：

- 在蓄电池室进行焊接工作，必须持有一级动火工作票。
- 焊接时必须启动风机、连续通风，并应用石棉板将焊接地点与蓄电池隔离。
- 蓄电池充电期间，严禁进行焊接工作，充电完毕后，须经通风两小时，履行相关手续后，方可进行焊接工作。

2.　直流控制电源系统巡检内容

① 检查各蓄电池接头、支持件是否清洁完好。

② 检查各蓄电池外壳、引线是否完好，安全阀是否正常，有无溢液，外壳有无膨胀。

③ 检查各导电连接处有无打火、发热现象。

④ 蓄电池室温度应保持在 −10 ～ +45 ℃。

⑤ 检查直流母线电压、浮充电流是否正常。

⑥ 检查充电装置工作是否正常。

⑦ 检查绝缘监测装置工作是否正常，有无接地报警。

⑧ 检查各表计指示正常，各信号指示是否正常。

⑨ 检查各电气连接是否牢固，有无过热、打火。

⑩ 检查各元件有无过热、焦煳味，有无异常声音及故障指示。

⑪ 检查各开关刀闸位置是否正确，保险有无熔断。

3. 直流控制电源系统故障处理

（1）浮充装置异常处理

故障指示灯亮：正常运行时，该指示灯不亮。当控制器检测到异常时该指示灯亮，其故障显示状态定义如表3-8所示。

表3-8　直流控制电源故障显示状态

序　号	故障显示	故障内容	动作后果
01	过压	充电母线过电压	切断交流主电源发故障信号
02	过流	可控硅整流装置输出过电流	切断交流主电源发故障信号
03	欠压	充电母线低电压	发报警信号
04	整定值	系统整定值单元出错	发故障信号
05	同步	同步回路故障	发故障信号
06	电源	控制器电源异常	发故障信号
07	熔断器熔断	可控硅整流桥熔丝熔断	切断交流电源发故障信号

（2）直流接地故障处理

① 绝缘监察装置接地报警灯亮，有报警声。

② 检查绝缘监察装置显示信息，判断接地支路和对地电阻。

③ 如果支路所带为负荷母线，在线绝缘监察装置无法对母线支路负荷选线时，对该母线各负荷按先次要、后重要的顺序拉负荷判断接地点，拉负荷时采取必要措施。

④ 判断出具体接地设备时，及时联系维护人员处理。

3.6.8　交流控制电源（UPS）的运行维护

1. UPS运行规定

① 逆变器在正常情况下是由厂用交流电源经整流器整流后供电，在厂用交流电源电压过低或间断时由直流电源供电。

② UPS正常工作时，由厂用交流电源二路作为输入电源，一个主用，一个备用，厂内直流电源用作热备用。

③ UPS切换规定：每半年对两套UPS电源主从切换一次。

2. UPS操作规定

（1）逆变器第一次开机操作

① 检查所有开关均在断开位置。

② 合上逆变器交流输入电源开关。

③ 合上逆变器交流旁路电源开关。

④ 合上逆变器直流输入电源开关。

⑤ 注意检查控制单元交流输入、交流旁路输出指示灯是否同时点亮。

⑥ 按下控制单元开机按钮，控制单元交流输入、交流旁路输出指示灯同时常亮，LCD显示屏点亮，负载由交流旁路供电。

⑦ 经过20 s后，控制单元交流输入状态指示灯常亮，旁路输出指示灯熄灭，逆变器输出指示灯常亮，控制单元显示系统状态信息，负载由逆变器供电。

⑧ 断开交流输入、交流旁路输入电源开关，交流输入状态指示灯熄灭，逆变器电源装置由直流逆变输出。控制单元每隔4 s鸣叫一次，表示装置目前使用直流供电运行。控制单元鸣叫90 s后，鸣叫自动停止。

⑨ 合上交流输入、交流旁路输入电源开关，交流输入状态指示灯点亮，按下控制单元显示项目切换按钮，切换显示项目，检查各指示值是否正常，完成第一次开机操作。

⑩ 检查输出电压是否符合负载设备的额定电压，电压满足要求后合上成套电源系统交流输出总开关，依次接入负载，观察控制单元输出功率百分比显示，负载应≤100%。

⑪ 对主从备份不间断电源系统，单机开机操作程序基本同上，对于成套电源系统，应按先备机后主机顺序进行。

（2）单机开机顺序

① 闭合低压配电盘上的开关。

② 闭合整流器输入开关Q1，旁路开关Q4S，输出开关Q5N，断开维修旁路开关Q3BP。

• 蜂鸣器鸣叫，屏幕显示"负载不收保护"。

• 整流器启动，整流器绿色指示灯亮。

• 将电池柜中的电池开关QF1置于ON位置。

• 检查充电电流和电池电压。

• 在显示屏中查看显示信息（应无异常及相关报警）。

• 轻触绿色键启动逆变器，逆变器启动并切换，屏幕显示负载受保护。

（3）单机停机顺序

① 按下灰色"逆变器停止键"持续3 min。

• 逆变器停止，绿色逆变器指示灯灭。

• 显示"负载不受保护"。

- 蜂鸣器鸣响。

② 将电池柜中的电池开关QF1置于OFF位置。

③ 将维修旁路开关Q3BP闭合。

④ 将输出开关Q5N断开。

⑤ 将输入开关Q1和旁路开关Q4S断开：UPS下电，显示消失，蜂鸣器停止，此时负载由维修旁路供电。

（4）（UPS）逆变器供电切换至手动维修旁路（UPS检修操作）。

① 按下控制单元关机按钮，检查逆变器退出运行，负载由交流旁路供电。

② 合上UPS电源系统外部手动维修旁路开关。

③ 断开UPS电源系统交流输入开关。

④ 断开UPS电源系统交流旁路输入开关。

⑤ 断开UPS电源系统直流电源输入开关。

⑥ 断开UPS电源系统交流输出总开关。

（5）手动维修旁路切换至逆变器供电（UPS检修后恢复正常运行操作）

① 检查除手动维修旁路开关在合位，其余开关均在断开位置。

② 合上逆变器交流输入电源开关。

③ 合上逆变器交流旁路电源开关。

④ 合上逆变器直流输入电源开关。

④ 合上UPS电源系统交流总输出开关。

⑥ 注意检查控制单元交流输入、交流旁路输出指示灯是否同时点亮。交流旁路输出指示灯点亮后，拉开手动维修旁路开关。

⑦ 按下控制单元开机按钮，经过20 s后，控制单元交流输入状态指示灯常亮，旁路输出指示灯熄灭，逆变器输出指示灯常亮，控制单元显示系统状态信息，负载由逆变器供电。

⑧ 检查UPS运行正常，控制单元液晶屏显示输出功率百分比，负载应≤100%。

3. UPS巡检内容

① 检查盘面各仪表和指示灯是否正常。

② 检查交流输入电源是否正常。

③ 检查直流输入电源是否正常。

④ 检查交流输出电压是否正常。

⑤ 检查盘面有无故障报警信息。

⑥ 检查通风孔是否清洁及有无阻塞物。

⑦ 检查盘面各开关和把手位置是否正确。

⑧ 检查设备各电气元件有无过热、异味、断线等异常情况。

4. UPS故障处理

① 按逆变键不工作处理方法：

- 检查不间断电源装置后背板旁路控制接点是否有短接，若接点已短接，打开装置检查内部插线是否有松动现象。

- 检查维修旁路开关是否已断开。

② 交流输入正常，直流输入正常，但面板交流指示灯不亮，并有告警声处理方法：检查面板接线是否有松脱。

3.6.9　站用配电装置的运行维护

1. 站用配电装置运行规定

① 配电装置停电检修时，必须遵守《电业安全工作规程》，可靠隔离电源，验明确无电压，装设接地线或合上接地刀闸。

② 所有配电装置外壳均应可靠接地。

③ 正常情况下接地电阻不大于4 Ω。

④ 冲击及重复接地电阻不大于10 Ω。

⑤ 电压互感器二次侧严禁短路，电流互感器二次侧严禁开路。

⑥ 在站内各动力电源盘（不含临时电源盘）装接临时电源应经当班值长同意，以书面通知单为准，送电前检查绝缘电阻要合格，单相负荷不平衡电流不应超过25%。

⑦ 当站用电中断时间较长时，必须考虑对主设备运行的影响；恢复站用电时，应避免大量负载同时启动造成电流过大而跳闸。

⑧ 正常情况下，电压互感器不允许在母线带电状态下退出运行。

⑨ 开关带电压时，六氟化硫气压低于跳闸闭锁值时，严禁分合开关。

⑩ 送电操作前必须拉开接地刀闸或拆除临时接地线。

⑪ 配电装置检修时检修班组临时地线，在工作结束时应交代地线已拆除。

⑫ 推进和拉出小车开关前必须检查开关在分位，柜内接地刀闸在分位。

⑬ 操作0.4 kV以上开关时，以电动操作为主，并关好柜门。如果电动操作拒动，应联系班组处理。如果确实需要手动操作，不要面对开关，操作时应戴好防护面具和绝缘手套。

⑭ 35 kV开关、0.4 kV开关本体设有手动跳闸机构，正常情况下禁止操作，只能在电动分不开或试验时方可使用。

2. 站用配电装置巡检内容

① 检查配电设备声音是否正常，有无放电及异常振动，有无绝缘烧损味。

② 检查瓷质设备有无裂纹和闪络放电痕迹。

③ 检查设备外壳接地装置是否良好，有无松动及发热现象。

④ 检查开关、刀闸、母线、引出线及其他电气连接部分是否过热、变色、变形及接触不良，开关、刀闸位置与指示是否正确。

⑤ 检查各表计指示是否在正常范围内，各信号指示是否正常，是否与当时设备状态相符。

⑥ 检查各传动机构有无变形，松动及损坏。

⑦ 检查带电显示器、电磁锁是否正常。

⑧ 检查各控制、操作电源开关是否投退正确。

⑨ 检查各二次元件连接是否完好，有无发热烧损。

⑩ 检查开关、刀闸的操作电源及操作气压是否正常。

⑪ 检查各设备操作箱内的电热是否根据当时的环境温度投退。

⑫ 雷雨过后或过电压后要及时检查避雷器的动作情况。

⑬ 检查各配电装置柜门关闭是否良好，严禁打开运行中的高压配电装置前、后柜门。

⑭ 检查配电设备建筑物有无危及设备安全运行的现象，如漏水、掉落杂物等。

3. 站用配电装置故障处理

（1）35 kV 接地处理

① 检查监控各相电压以及带电显示器判断接地故障相。

② 若为永久性故障，则采用逐步排除法查找接地点，原则为先切除不重要负荷，后切除重要负荷，先站外、后站内进行，备用电源自动投入装置应退出工作。

③ 如果接地超过 2 小时仍未排除故障点，则需要停电处理。

④ 查找故障点时应注意人身安全。

（2）全站失电

① 当因主电源故障、备用电源自动切换装置动作不良引起全站失电时，应立即手动投入备用电源，通知维护检查备用电源自动切换装置。

② 当主、备电源均不能尽快恢复供电时，应立即接入柴油发电机组，保证调度通信电源、直流系统供电，保证主变冷却系统供电正常。

③ 通知维护人员尽快查找消除故障，汇报主管领导。

3.6.10 厂用低压配电装置的运行维护

1. 运行与操作

① 运行方式。低压配电装置运行方式一般为单母线运行或单母线分段运行。

② 配电装置停电检修时，必须遵守《电业安全工作规程》，可靠隔离电源，验明无电压。

③ 低压配电柜停送电操作：

• 低压开关柜由运行转检修操作步骤如图 3-12 所示。

| (a) | (b) | (c) | (d) |

图3-12　低压开关柜的运行转检修操作步骤

首先操作左侧断路器把手，断开低压断路器如图 3-12（b）所示左侧把手逆时针旋转，然后如图 3-12（c）所示将右侧把手逆时针旋转一次，再将右侧把手逆时针旋转一次，最后将低压开关柜抽出至检修位置。

- 低压开关柜由检修转运行操作步骤如图 3-13 所示。

(a)　　　　　　　(b)　　　　　　　(c)　　　　　　　(d)

图3-13　低压开关柜的检修转运行操作步骤

首先将低压开关柜抽屉推进去，然后顺时针旋转右侧把手一次，再将右侧把手顺时针旋转一次，最后合上低压开关柜断路器，即将左侧断路器把手顺时针旋转。

2. 厂用低压配电装置巡检内容

① 检查低压开关运行指示是否与实际相符。

② 检查低压配电柜各带电指示是否正确。

③ 检查低压配电装置有无异响、异味。

④ 检查低压配电室有无漏水现象，地下电缆有无异响、异味。

3. 厂用低压配电装置故障处理

（1）低压开关柜跳闸

① 确认跳闸线路所带负荷情况。

② 检查所带负荷是否存在接地情况。

③ 将开关柜转到检修状态，检查开关柜接线是否存在虚接、烧毁等。

④ 未做详细检查请勿立即合闸送电。

（2）低压电缆烧毁

发现低压电缆烧毁时应及时断开低压断路器，并将开关柜转到检修状态，然后再进行电缆处理，处理完毕后按合闸顺序对开关柜进行操作，合闸送电。

4. 厂用低压配电装置的维护

厂用低压配电装置每年最少进行一次全面检查，主要包括：接线线缆、开关灵活程度、各指示装置等，应每半年对厂内低压配电装置进行一次灰尘吹扫。

3.6.11　计算机监控系统的运行维护

1. 计算机监控系统运行规定

① 监控系统主服务器出现故障时，从服务器立即转为主机。运行过程中，不允许两台操作员工作站同时退出，以保证事故或故障信息提示完整。

② 监控系统两台操作员工作站同时出现故障时，立刻到发电单元控制主机进行监视和控制操作，并立即恢复两台操作员工作站。

③ 禁止在监控系统电源上接入非监控系统设备。

第 **3** 章　光伏电站的运行与维护管理

④ 禁止在监控系统工作站上进行与工作无关的操作，不准在工作站上使用U盘、移动硬盘以及光盘等设备。

⑤ 远方操作开关（或隔离刀闸）、开停逆变器、报警信号的开启及屏蔽等操作必须经值班长同意。

⑥ 在监控系统上进行操作应严格执行《电业安全工作规程》（发电厂及变电所电气部分）的操作监护制度。

⑦ 运行值班人员对监控系统的操作，必须通过自身账户及口令登录进行。

⑧ 运行值班人员在正常监视调用画面或操作后应及时关闭对话窗口。

⑨ 监控系统所用电源不得随意中断，发生电源中断后应立即组织维护人员进行相应的恢复，如果需要切换备用电源，切换前必须确认备用电源供电正常。

⑩ 监控系统运行中的功能投退应按照运行规程执行并做好记录。

⑪ 对监控系统信息应及时确认，必要时要到现场确认或及时报告值班长。

⑫ 对于监控系统的重要报警信号，如设备掉电、CPU故障、存储器故障、系统通信中断等，应及时联系维护人员进行处理。

⑬ 运行值班人员不得无故将报警画面及语音报警装置关闭或将报警音量调得过小。

⑭ 监控系统运行出现异常情况时，运行值班人员应按照现场运行规程操作步骤处理，在进行应急处理的同时及时组织维护人员进行处理。

⑮ 运行值班人员应及时补充打印纸及更换硒鼓（色带、墨盒），并确认打印机工作正常，不得无故将打印机停电、暂停或空打。

⑯ 运行中的计算机监控系统主机如遇死机情况，严禁强行关闭计算机电源开关进行重启，必须由维护人员进行处理。

2. 计算机监控系统巡检内容

① 检查上位机各服务器运行是否正常，通信是否正常，网络交换机、GPS时钟装置运行是否正常、电源供电是否正常。

② 检查发电单元控制主机运行是否正常，各子阵、逆变器、汇流箱等数据采集是否正常，通信是否正常，电源供电是否正常。

③ 检查光功率预测系统各太阳能资源指标显示是否正常，光功率预测与实际发电出力比较偏差是否在正常范围之内，与省调通信是否正常。

④ 检查公用测控盘各模块运行是否正常、有无报警信号、与各设备通信是否正常，就地显示屏各数据显示是否正常，设备各元器件有无过热、异味、断线等情况，环境综合监测装置检查有无故障。

⑤ 检查逆变器室数据采集装置各模块运行是否正常、有无报警信号、与各设备通信是否正常，就地显示屏各数据显示是否正常，设备各元器件有无过热、异味、断线等情况。

3. 计算机监控系统的维护

① 应明确运行值班人员在操作员工作站对被监控设备进行监视的项目，监视的项目应包含以下内容：

- 设备状态变化、故障、事故光字、音响、语音等信号。
- 设备状态及运行参数。
- 监控系统的自动控制、自动处理信息。
- 需要获取的信号、状态、参数、信息等信号。
- 同现场设备及表核对信号、状态、参数、信息的正确性。

② 运行值班人员对监控系统的检查、试验项目应包括：
- 操作员工作站时钟正确刷新。
- 操作员工作站输入设备可用。
- 操作员工作站、主机、显示设备正常，其环境温度、湿度符合要求。
- 语音、音响、光字等报警试验正常。

③ 打印设备输出可用。

④ 被控对象的选择和控制只能同时在同一个操作员工作站进行。

⑤ 重要的控制操作应复核检查并设专人监护。

⑥ 操作前，首先调用有关被控对象的画面，选择被控对象，在确认选择无误后，方可执行下一步操作。

⑦ 开关、刀闸的分合指令执行后，其位置状态的判断应以现场设备位置状态为准。

⑧ 操作、设值时发现执行或提示信息有误时，不得继续输入命令，应立即中断或撤销命令。

4. 计算机监控系统故障处理

① 发现某个测点数据值异常突变、状态频繁跳变等情况时，应立即采取必要措施，防止设备误动或监控系统资源占用，并联系维护人员进行检查。

② 测点故障、通信中断、掉电、程序锁死、失控、离线等引起设备缺乏远方监视时，应采取现场监视方式或将设备转换到安全工况。

③ 监控系统双路电源供电正常，一旦发现某一路电源故障，应立即处理。

④ 发现公用测控盘或数据采集器某个模块出现故障时，联系维护人员处理。

⑤ 发现通信故障时要检查通信电缆、通信接口、通信装置的每一个环节，逐一排查后找出故障根源进行处理。

⑥ 负荷增减失败处理：
- 操作员工作站对某区逆变器远方开停机操作失败，检查操作员工作站登陆是否正常、运行是否正常；如果上位机短时无法恢复正常，立即在发电单元控制主机进行逆变器远方开停机操作。
- 如果操作员工作站、发电单元控制主机都无法进行逆变器远方开停机操作，就需要对失去控制的逆变器现场进行开停机操作。

3.6.12 通信系统的运行维护

1. 通信系统运行规定

（1）通信直流 48 V 电源电压范围

通信直流 48 V 电源应满足设备受电端子电压变动范围在 40～57 V，单个蓄电池浮充电压在 2.23～2.28 V。

（2）直流48 V通信电源正常运行方式

① 直流48 V通信电源正常分段运行，任一组蓄电池维护时，两段母线联络运行。

② 正常运行时，充电/浮充电装置处于浮充状态，不仅通过母线向通信负荷供电，也同时向蓄电池浮充供电。

③ 直流48 V通信电源不允许将蓄电池退出而仅由充电装置单独向通信负荷供电。

（3）绝缘电阻规定（使用500 V摇表）

① 直流系统绝缘电阻不得低于0.5 MΩ。

② 负载回路的每一支路绝缘电阻不得低于0.5 MΩ。

③ 直流小母线在断开其有关支路时，其绝缘电阻不得小于1 MΩ。

（4）通信蓄电池工作应遵守的规定

① 蓄电池室必须保持良好的通风，排风机投入运行。

② 严禁穿能产生火花的鞋、衣服进入蓄电池室。

③ 蓄电池室严禁烟火，严禁未通风使用可能产生电火花的工器具。

④ 在蓄电池室进行焊接工作必须遵守下列规定：

- 在蓄电池室进行焊接工作，必须持有一级动火工作票。

- 焊接时必须启动风机、连续通风，并应用石棉板将焊接地点与蓄电池隔离。

- 蓄电池充电期间，严禁进行焊接工作，充电完毕后，须经通风两小时，履行相关手续后，方可进行焊接工作。

2. 通信系统巡检内容

① 检查通信机房照明是否正常。

② 检查各屏柜门关闭是否良好。

③ 检查通信机房窗户关闭是否良好，防止灰尘进入，室内温度在5～35 ℃间。

④ 检查通信直流电源系统运行正常，高频开关电源风扇运转正常，各信号灯指示正常。

⑤ 检查通信系统协议转换器、路由器、交换机、防火墙和各类服务器以及光传输设备运行是否正常，有无异常报警指示。

⑥ 检查电话录音系统微机工作是否正常。

⑦ 通信直流电源系统巡回检查项目：

- 各蓄电池接头、支持件应清洁完好。

- 各蓄电池外壳完好，引线完好，安全阀正常，无溢液，外壳无膨胀。

- 各导电连接处无打火、发热现象。

- 直流母线电压，浮充电流正常。

- 充电装置工作正常。

- 各表计指示正常，各信号指示正常。

- 各电气连接牢固，无过热，无打火。

- 各元件无过热，无焦煳味，无异常声音，无故障指示。

- 各开关刀闸位置正确，保险无熔断。

3. 通信系统故障处理

① 故障现象：中控室生产调度电话无法拨出和拨入或电话无声音。

② 故障处理：

- 利用手机立即报告网、省、地调，以及相关部门和领导。如果发现电信运营商电路异常或中断，应联系电信运营商进行处理，并在值班记录上记录故障、恢复时间、故障原因及处理过程。
- 当电信信号、手机信号均消失，但互联网正常时，暂时采用网络方式联系汇报。
- 当电话、互联网均中断时，应设法从相邻场站与调度和相关部门取得联系。

3.7 光伏电站O2O智能化运维规程

本规范用于指导光伏电站通过运用信息化手段指导电站进行高效运维，提升电站发电量，保障电站运营效益最大化。

本规范适用于使用信息化管理系统（木联能《光伏电站智能化信息管理系统》）的地面并网光伏电站。

本规范适用于光伏电站管理人员与全体运行值班人员。

3.7.1 基础数据核对

基础数据核对是有效管理光伏电站的必要前提。光伏电站管理人员需要准确核对电站逆变器、汇流箱等基础设备信息、各逆变器配置信息（各子阵配置信息）、汇流箱电流结构定义、电能计量表信息、通讯录信息（各设备厂商信息）以及电站的人员管理方案、年度计划电量制定等相关基础内容，从而为后续高效管理电站打好基础。

1. 设备信息

① 核对系统中录入的设备型号参数，具体包括电池组件、汇流箱、逆变器、箱式变压器、升压站和环境监测仪，务必确保系统中录入的设备基础信息与实际信息保持一致。

② 对于电池组件、汇流箱、逆变器箱式变压器、升压站和环境监测仪等设备信息的核对可在系统的"基础数据管理"→"设备产品定义"中逐一进行核对与修改。

注：对于系统中没有录入的部分设备基础信息，电站人员需要将相关设备的详细基础信息逐一录入系统中。

2. 逆变器配置信息（子阵配置信息）

① 核对系统中各子阵的配置信息及电站实际装机容量，确保系统中"逆变器配置信息"表中的数据准确无误。

② 逆变器配置信息核对可在系统的"基础数据管理"→"逆变器配置信息"中逐一进行核对与修改。

3. 电能计量表配置信息

① 核对系统中"电能计算表装置"中各电表编号、名称、类型、倍率、期次、计量字段等信息，务必确保电能计量表配置正确。

② 电能计量表配置信息核对可在系统的"基础数据管理"→"电能计量表配置"中进行逐一核对与修改。

4. 通讯录管理

① 通讯录管理功能用于辅助管理电站员工以及各设备厂家的联系信息，方便随时、快速查找。可在系统中的"日常办公"→"员工通讯录"和"客户通讯录"中进行管理与查询。

② 建议电站人员在客户通讯录中将电站所有的设备厂商和系统厂商的联系方式全部录入系统中，以便进行集中管理、永久保存，方便在设备出现故障或系统出现故障时快速联系相应厂商，节省时间，降低损失。

5. 人员配置

建议电站人员通过系统中的"员工管理"和"班组管理"功能完成电站员工权限角色管理和值班分组管理，可在系统中的"日常办公"→"员工管理"和"班组管理"中进行管理设置。

6. 计划电量

建议电站人员通过系统的"计划管理"功能录入每年的计划发电量数据，以便在系统的统计分析功能模块中进行月度实际发电量与计划发电量对比分析，客观评价电站实际发电效益。

7. 汇流箱电流结构定义

① 核对系统中录入的各方阵中逆变器下汇流箱支路配置信息，务必确保系统中录入的各支路启用状态与电站实际中各支路启用状态保持一致。

② 汇流箱电流结构定义的核对可在系统中"基础数据管理"→"汇流箱电流结构定义"中逐一进行核对与修改。

3.7.2 日常运维

1. 运行值班

（1）中控监盘

中控监盘主要用于查看电站各逆变器是否正常运行、各汇流箱支路电流数据是否正常（只实时显示各支路电流数据，并无相关的分析结果），以及根据省调要求对逆变器等设备进行远程动作、限电等。

在完成中控监盘工作的基础上，电站运维人员可以在光伏电站智能化信息管理系统的"实时监测"→"逆变器实时监测"功能界面中，详细查看电站各逆变器的运行状态及旗下各汇流箱支路电流的运行状态。对于异常运行的逆变器及汇流箱支路电流，系统能够快速报警提示（见图3-14），实现逆变器运行状态与汇流箱支路电流报警相结合，直观辅助电站运维。对于系统报警的异常逆变器或者汇流箱异常支路电流信息，运维人员可以进一步点击逆变器图标查看逆变器实时运行数据进行故障初步诊断；点击汇流箱异常支路图标查看异常支路的实时运行曲线图，进行支路故障的初步诊断。如果系统持续半个小时（防止云层遮挡而产生误报）报警提示逆变器或者汇流箱异常支路，则运维人员需要到子阵中进行故障消缺。

图3-14　逆变器实时监测功能界面图

注：逆变器运行状态报警包括逆变器故障停机（红色图标提示）、逆变器正常停机（蓝色图标提示）、逆变器告警运行（黄色图标提示）、逆变器直流电流偏低（黄绿图标闪烁提示）、逆变器直流电流过低（红绿图标闪烁提示）、逆变器通信中断（灰色图标提示）。

汇流箱异常支路报警包括：支路电流中断（红色箭头提示）、支路电流偏低（黄色箭头提示）、支路通信中断（灰色箭头提示）。

（2）记录填写

① 对于电站生产管理过程中的相关基本记录填写（如停电记录、继电保护记录、运行分析记录、调度记录、故障停机记录等）均可在系统中进行快捷操作，实现电子存档。

② 电站运维人员可以在系统的"记录填写"功能模块中填写电站生产管理过程中所有相关记录信息。

（3）两票管理

两票主要指电站日常生产运行过程中的操作票和工作票。可以在系统的"两票管理"功能模块中实现网上两票办公，减少人为差错，从而提高电站日常工作效率。

① 操作票管理：

• 操作票主要是指电气倒闸操作票，是按照规程形成操作规范的、具有正确顺序的书面操作程序。严格执行操作票制度，能有效防止误操作。

• 操作票是运行人员操作的凭证，运行人员按照这个凭证的规程和步骤进行操作，由操作人和监护人共同完成。如果有事先填写好的"标准操作票"，可以通过"从标准操作票生成操作步骤"的功能自动将标准操作票中的信息及操作步骤复制过来。实现标准化作业是提高安全生产水平，克服工作过程中人员行为随意性的重要措施。操作票有工作流程审核功能，其具体流程如图3-15所示。

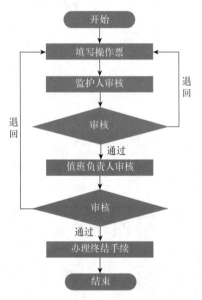

图3-15 操作票审核流程图

系统提供了操作票、操作票检查、标准操作票和操作票统计功能。

② 工作票管理

- 工作票是指在生产现场进行检修、处理缺陷、试验或安装等工作时，为了有效保证人身及设备安全、防止发生事故而采取的一种保证安全的组织措施。

- 工作票负责人应熟悉安全工作规程有关部分，掌握检修设备的结构、缺陷内容、有关系统等情况，掌握安全施工方法、检修工艺和质量标准。工作票负责人应经本公司培训和安监考试合格，由公司分管生产领导批准，并书面公布。

- 系统提供了电气一种工作票、电气二种工作票、动火工作票、工作票检查、工作票统计和标准工作票，实现了从工作票申请、准备、批准、执行、完工、报告和验收关闭全过程的控制和管理，标准工作票的使用和管理做到了工作票的标准化和程序化，同时也建立了标准工作票库。工作票的操作流程如图3-16所示。

（4）交接班管理

① 交接班工作是保证电站安全经济运行的有效措施，可以在系统的"两票管理"功能模块中实现电站交接班管理。

② 交接班管理是指运行值班人员在当班过程中记录运行日志，巡回检查结果和调度指令等。值班长记录值班长日志，相关记录在交班后会被系统锁定。运行管理当值人员在接班后填写当班记事、巡视记录、调度指令、缺陷隐患等信息，以便接班人员了解到上一班发生了什么重要事件，存在什么隐患等信息。

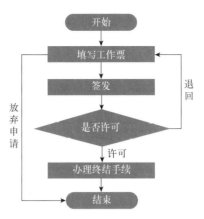

图3-16 工作票操作流程图

（5）报表制作

电站运维人员日常需要花费大量的时间和精力制作各种生产报表，费时费力，系统能够以电站运行数据为基础一键生产各种报表（包括各种定制报表），极大减轻了电站运维人员的工作量，使其有更多的时间与精力投入到电站设备缺陷的发掘及消缺工作当中，从而保证电站高效运行。

2. 设备巡检

① 设备巡检是保障电站设备安全运行的前提，为及时发现电站设备的异常运行状况，防患于未然，电站运维人员必须严格执行设备巡回检查制度。电站可配备巡检仪或巡检系统，以加强电站日常巡检的管理。

② 定期巡回检查的项目和标注按照设备单元（直流系统、继保装置、故障录波器、测控装置、电能量计量系统、远动设备、升压站户外端子箱、户外断路器、主变压器、隔离开关、电流互感器、电压互感器、高压开关柜、低压开关柜、SVG、逆变器、箱变、站用变压器、直埋电缆、组件、支架、汇流箱、围栏）划分为光伏电站日巡检、周巡检和月巡检3种。

③ 设备巡检中发现的缺陷故障须及时录入缺陷管理中，按缺陷管理中的处理流程完成缺陷处理。

3. 缺陷管理

缺陷管理主要是对电站日常生产运行过程中产生的各种缺陷（包括隐患和故障）进行管理，它是电站提升发电量的根本保证。如果某些缺陷不能及时消缺（如逆变器故障停机、光伏组件热斑导致组件损坏等），则可能持续影响电站发电量，造成较大甚至严重的经济损失。因此，务必确保电站日常缺陷及时消缺处理。

系统提出了一套规范的设备缺陷消缺作业流程，即发现缺陷→运维人员进行缺陷鉴定→缺陷消缺处理→消缺结果回馈系统→缺陷跟踪，实现了设备缺陷闭环处理。其缺陷闭环消缺处理流程如图3-17所示：

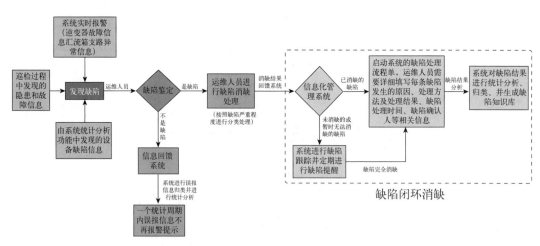

图3-17　缺陷闭环消缺处理流程

缺陷发现一般有3种来源：一是设备巡检过程中发现的隐患和故障；二是系统实时报警发现的缺陷信息；三是在系统统计分析中发现可能存在缺陷的设备信息。后两种发现的缺陷需要电站运维人员导出缺陷信息到现场确定，确认后将确认结果、缺陷处理方法和缺陷处理结果等详细回馈到系统中。

系统中具体的缺陷处理操作流程如下：

① 在系统的"设备运维"→"设备运维管理"功能界面中，可直观地从各光伏子阵位置图上看出相应子阵的缺陷个数（累计值）、设备更换个数（累计值）和支路电流偏低个数（前一天的报警提示值），点击各数值可快速进行相应的缺陷查询（或处理结果回馈）操作。

② 同时，系统可自动统计运行异常的汇流箱支路信息（前一天的报警提示值），并根据现场消缺情况将报警支路分为已处理完成和待确认两类，方便电站运维人员查看结果信息。

③ 运维人员可点击待确认支路，查看具体的支路故障信息，快速定位故障点，减少故障盲查时间，提高现场消缺效率。同时，可通过一键导出功能快速导出待确认支路信息，进入现场确认，可确认为通信故障和设备故障两类。

④ 确认为设备故障后将自动转为缺陷信息，运维人员可点击"查看"进入缺陷处理界面，启动消缺流程。

⑤ 对于每条缺陷，运维人员需要详细填写缺陷发生原因、处理方法及处理结果、缺陷处理时间、缺陷确认人等相关信息，系统会对回馈的结果进行保存并可在"运维统计"→"设备缺陷查询"中进行历史缺陷记录查询，详细查看相关的缺陷记录信息。

⑥ 对于未完全消缺的缺陷，系统会对其进行缺陷跟踪，直到完全消缺，实现缺陷闭环处理。

4. 物资管理

物资管理是保障电站持续运行的基础，包括物资分类、物资台账、物资入库、物资出库等。本系的"设备运维"→"物资管理"功能模块中提供了库房的基本业务管理功能，不断提高库存管理水平。其主要业务要求如下：

① 物资分类：主要定义物资类别和物资的基础信息，如物资的编码、名称、规格型号、

仓库、货位、计量单位、备件技术资料等。

② 物资台账：根据物资分类可以对物资库存进行系统查看，查询出常用物资基本资料，如供应商、生产厂家、位于哪个仓库、型号规格、性能材料等。通过物资编码还可以查询此物资的入库信息、出库信息、单价、数量、工单信息以及被使用情况等，同时根据库存的上下限的设置进行库存报警。

③ 物资入库：合同订单上的采购物资达到现场后，必须经过仓储验收人员会同有关部门技术人员联合对所到物资从数量上和质量上进行详细检查核对，并对验收全过程进行记载，并记录在物资入库单中。物资的入库流程如图3-18所示。

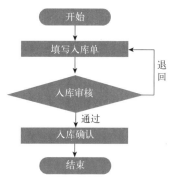

图3-18　物资的入库流程

④ 物资出库：针对领用、借用等进行物资发放，并记录到出库单中。物资的出库流程如图3-19所示。

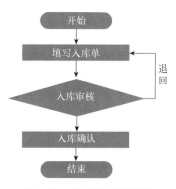

图3-19　物资的出库流程

3.7.3　运行分析

电站运维人员在完成日常运维工作的基础上，可以通过系统的统计分析功能查看电站整体运行情况及分析各设备的运行情况，进行深层次的运维分析；而电站管理人员可以通过系统直观了解电站的生产经营情况，从而更合理地制订生产运营计划，安排运行生产过程的资源与活动等。

1.　电站生产经营分析

① 以电站年度（月度）计划电量为基准，结合光伏电站生产运行指标体系，对电站日常

生产运行数据进行全面统计分析，使电站管理人员能够直观地了解电站整体运行情况。

② 电站管理人员可在系统的"统计分析"功能模块中"年度月发电量对比"、"电量指标统计分析"、"生产运行指标月报"和"生产运行指标年报"功能中详细查看电站生产经营情况。

2. 太阳能资源与电量分析

① 通过对比分析电站当月的上网电量与辐射量数据，并以理论发电量、发电量、上网电量、日均电量等指标分析电站发电趋势，查找电站异常发电的原因，从而宏观上了解电站发电量情况。

② 可在系统的"统计分析"功能模块的"电量－辐射量对比"、"日负荷曲线"和"最大出力对比图"功能中详细查看电站的发电量情况。

3. 设备性能分析

① 对电站逆变器进行深入挖掘分析，对比不同型号逆变器、不同子阵中逆变器的发电量差异、性能差异等，发现潜在异常运行的逆变器，并进行深度运维消缺，从而提升发电量，同时也为电站后续设备选型提供参考依据。

② 可在系统的"统计分析"功能模块的"功率－辐射强度对比"、"逆变器发电量对比"、"逆变器损失电量评估"和"转换效率－负载率对比"功能点中详细查看电站各逆变器的性能状况。

4. 电站运维评价

① 通过引入逆变器输出功率离散率对全站逆变器运行一致性进行评价，引入汇流箱组串电流离散率，对电站单台逆变器下各支路电流的运行一致性进行评价。甄别运行较差的逆变器，将电站故障问题的范围缩小至逆变器级别；通过汇流箱组串电流离散率进一步评价单台逆变器下所有汇流箱支路（即组串）的整体运行情况，结合多维度历史数据分析找出电流异常的问题组串，将设备问题的范围缩小至组串级，最后使用专业工具（IV测试仪、热像仪等）进行现场检测，找到电站存在的具体问题，辅助电站的运维工作，使发电量的提升落到实处。

② 可在系统的"统计分析"功能模块的"逆变器能量分布图"、"组串电流离散率分析"和"组串电流离散率统计"功能中详细查看电站总体运维情况。

习　题

1. 光伏电站的运维管理体系中包含哪些文件和规范？
2. 针对光伏电站运维人员的管理和考核办法有哪些？
3. 光伏电站的巡检路线应如何选择？
4. 光伏电站设备的运维包括哪些方面的内容和应注意事项？
5. 智能化的运维系统具备什么样的特点？

第 4 章

→ **光伏电站运行与维护常用工具**

 **学习目标**

- 掌握光伏电站运行与维护中常用的硬件工具分类及特点。
- 掌握光伏电站运行与维护中使用的智能化运维工具类型及特点。
- 掌握光伏电站运行与维护中所使用的必备工具、专用工具及防护工具的使用方法。
- 掌握光伏电站智能化监控系统的组成结构及应用特点。
- 掌握智能运维机器人、智能运维无人机的特点及使用方法。

本章首先介绍了光伏电站运行与维护过程中常使用的硬件工具的分类、特点，接着详细介绍了钳形电流表、万用表、I-V曲线测试仪、接地电阻测试仪及红外热像仪的组成、结构、工作原理及使用方法和使用时应注意的事项，最后简单地介绍了光伏电站智能化运维工具中智能监控系统、智能运维机器人及智能运维无人机的特点及应用。

4.1　光伏电站运行与维护中常用的硬件工具及使用

4.1.1　光伏电站运行与维护中常用的硬件工具

1. 光伏电站运行和维护所需的硬件工具

光伏电站运行与维护所需的硬件工具包括必备工具、专用工具和防护工具，相关工具的作用如下：

（1）光伏电站运行与维护所需的必备工具

① 万用表：用来测量光伏电站相关设备的输入和输出电压。

② 温度测试仪：用来测量组件、汇流箱、配电柜、逆变器等设备的运行温度。

③ 绝缘电阻测试仪：用来测量各设备的输出正极对地、负极对地、正负极之间的绝缘电阻值。

④ 光伏端子压线钳：它是光伏组件连接器和MC4连接器，以及用于非绝缘开放式、插塞型连接器的专用压接工具。

（2）光伏电站运维所需的专用工具

① 钳形电流表：用来测量光伏电站各设备的输入与输出端电流值。

② 红外线热像仪：对光伏电站中的一次和二次设备进行测温，及时发现设备的发热缺陷，有效保障设备的运行。

③ 接地电阻测试仪：用来测量光伏电站设备接地电阻的常用仪表，是电气安全检查与接地工程竣工验收不可缺少的工具。

④ I–V曲线测试仪：用来对光伏电站中各光伏子阵列的I–V特性进行测试，以便维护和维修。

光伏电站运行与维护中常用的专用工具外观图如图4-1所示。

(a) 钳形电流表　　(b) 万用表　　(c) 电阻测试仪　　(d) 红外线热像仪　　(e) I–V曲线测试仪

图4-1　光伏电站运行与维护中常用的专用工具外观图

（3）光伏电站维护所需的防护工具

① 安全帽：可以承受和分散落物的冲击力，保护或减轻由于高处坠落物撞击头部造成的伤害，从而避免一些伤亡事故的发生。

② 绝缘手套：绝缘手套是劳保用品，起到对手或者人体的保护作用，用橡胶、乳胶、塑料等材料做成，具有防电、防水、耐酸碱、防化、防油的功能。

③ 电工专用防护服：能够保证工作人员在相应带电作业环境下的人身安全。

④ 绝缘鞋：主要用于防止跨步电压伤害，也用于防止接触电压伤害。

2. 使用硬件工具进行检修时应注意的事项

电站运维人员在从事检查、维修工作时，从人员和设备安全方面来考虑，应注意以下几方面：

① 电气操作人员必须严格执行《电气作业安全工作规程》的有关规定。

② 现场必须备有安全用具、防护器具和消防器材等，并对这些安全用具定期进行检查、维护和保养。

③ 电气设备要有可靠的接地装置、防雷设施，并且对这些装置和设施每年都要定期检查和维护。

④ 检修人员要有电工操作证且必须经过专业培训，由考核合格的人员担任。

⑤ 检修人员上岗应按规定穿戴好劳动防护用品和正确使用符合安全要求的检修工具。

⑥ 运行人员必须严格执行操作票、工作票、工作许可及工作监护制度等。

⑦ 高压设备无论是否带电，检修人员不得移开或越过护栏进行工作。当需要移开时，必须要有人在现场监护，并符合设备不停电的安全距离。

⑧ 雷雨天气，需巡视室外高压设备时，巡视人员必须穿绝缘鞋，并不得靠近避雷装置。

⑨ 在高压设备和大容量低压总盘上倒闸操作及在带电设备附近工作时，须由两人执行，并由技术熟练的人员担当监护。

4.1.2 光伏电站运行与维护中常用工具的使用方法

1. 钳形电流表

（1）钳形电流表的工作原理

钳形电流表的工作原理是建立在电流互感器的基础上的，当放松扳手铁芯闭合后，根据互感器的原理，在其二次绕组上产生感应电流，测量得到二次绕组上的电流并通过一定的数值转换就可得到被测导线上的电流并显示在钳形电流表的液晶显示屏上。当握紧钳形电流表扳手时，电流互感器的铁芯可以张开，被测电流的导线进入钳口内部作为电流互感器的一次绕组。钳形电流表的外观如图4-2所示。

（2）钳形电流表的使用方法

① 在使用钳形电流表前应仔细阅读说明书，弄清是交流还是交、直流两用钳形电流表。

② 由于钳形电流表本身精度较低，在测量小电流时，可以先将被测电路的导线绕几圈，再放进钳形电流表的钳口内进行测量。此时，钳形电流表所指示的电流值并非被测量的实际值，实际电流应当为钳形电流表的读数除以导线缠绕的圈数。

③ 钳形电流表钳口在测量时闭合要紧密，闭合后如有杂音，可打开钳口重合一次。若杂音仍不能消除，应检查磁路上各接合面是否光洁，是否有尘污，有尘污时要擦拭干净。

④ 钳形电流表每次只能测量一相导线的电流，被测导线应置于钳形窗口中央，不可以将多相导线都夹入窗口测量。

⑤ 被测电路电压不能超过钳形电流表上所标明的数值，否则容易引起触电危险。

⑥ 当用钳形电流表来测三相交流电时，可以一次测量其中一根相线的电流，也可以同时测量三根相线的电流，但此时表上数字应为零（因三相电流相量和为零），当钳口内有两根相线时，表上显示数值为第三相的电流值。

⑦钳形电流表测量前应先估计被测电流的大小，再选用合适的量程进行测量。若无法估计，可先用大量程挡然后再逐渐换用较小的量程挡进行测量，以便准确读出被测量的大小。不能使用小电流挡去测量大电流，以防损坏仪表。钳形电流表使用示意图如图4-3所示。

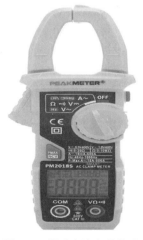

图4-2 钳形电流表的外观

图4-3 钳形电流表使用示意图

（3）使用钳形电流表的注意事项

① 由于钳形电流表原理是利用互感器的原理，所以铁芯是否闭合紧密，是否有大量剩磁，对测量结果影响很大，当测量较小电流时，会使得测量误差增大。这时，可将被测导线在铁芯上多绕几圈来改变互感器的电流比，以增大电流量程。

② 测量高压电缆各相电流时，电缆头线间距离应在300 mm以上，且绝缘良好，待认为测量方便时，方能进行。读取被测量值的大小时，要特别注意保持头部与带电部分的安全距离，人体任何部分与带电体的距离不得小于钳形电流表的整个长度。

③ 测量低压熔断器或水平排列低压母线电流时，应在测量前将各相低压熔断器或母线用绝缘材料加以保护隔离，以免引起相间短路。

④ 使用高压钳形电流表时应注意钳形电流表的电压等级，严禁用低压钳形电流表测量高电压回路的电流。用高压钳形电流表测量时，应由两人操作，非值班人员测量还应填写第二种工作票，测量时应戴绝缘手套，站在绝缘垫上，不得触及其他设备，以防止短路或接地。

⑤ 钳形电流表测量结束后应把开关拨至最大量程挡，以免下次使用时不慎过电流，并应保存在干燥的室内。

⑥ 当电缆有一相接地时，严禁测量。防止出现因电缆头的绝缘水平低，发生对地击穿爆炸而危及人身安全。

⑦ 钳形电流表测量时，邻近导线的电流对其会有影响，所以还要注意三相导线的位置要均等。

⑧ 维修时不要带电操作，以防触电。

（4）图解钳形电流表的使用方法

① 测量交流电流。使用钳形电流表测量交流电流大小的示意图如图4-4所示。

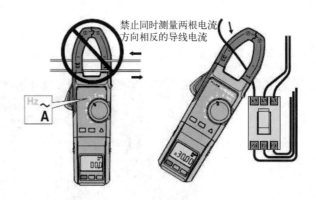

图4-4　钳形电流表测量交流电流大小的示意图

② 测量交流电压的大小。使用钳形电流表测量交流电压大小的示意图如图4-5所示。

③ 测量浪涌电流的大小。使用钳形电流表测量浪涌电流大小的示意图如图4-6所示。

2. 万用表

（1）万用表的外观（见图4-7）

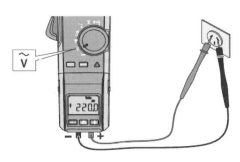

图4-5　钳形电流表测量交流电压大小的示意图

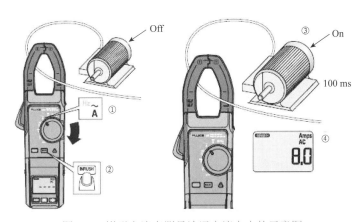

图4-6　钳形电流表测量浪涌电流大小的示意图

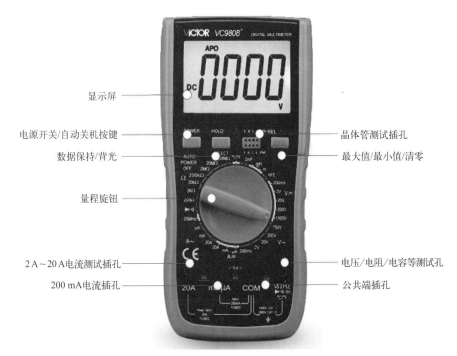

显示屏

电源开关/自动关机按键

数据保持/背光

量程旋钮

2 A～20 A电流测试插孔

200 mA电流插孔

晶体管测试插孔

最大值/最小值/清零

电压/电阻/电容等测试孔

公共端插孔

图4-7　万用表的外观

（2）万用表的使用方法

① 使用前，应认真阅读使用说明书，熟悉电源开关、量程开关、插孔、特殊插口的作用。

② 将电源开关POWER按钮按下。

③ 交、直流电压的测量：根据需要将量程旋钮拨至直流或交流电压挡的合适量程，红表笔插入VΩ孔，黑表笔插入COM孔，并将表笔与被测线路并联即可测出。

④ 交、直流电流的测量：将量程旋钮拨至直流或交流电流挡的合适量程，红表笔插入mAμA孔（＜200 mA时）或20A孔（＞200 mA时），黑表笔插入COM孔，并将万用表表笔串联在被测电路中即可。测量直流量时，数字万用表能自动显示极性。

⑤ 电阻的测量：将量程开关拨至Ω的合适量程，红表笔插入VΩ孔，黑表笔插入COM孔。如果被测电阻值超出所选择量程的最大值，万用表将显示"1"，这时应选择更高的量程。另外，数字万用表的红表笔为正极，黑表笔为负极，这与指针式万用表正好相反。因此，测量晶体管、电解电容器等有极性的元器件时，必须注意表笔的极性。

3. 接地电阻测试仪的使用方法

图4-8和图4-9分别为数字式接地电阻测试仪的外观和面板细节图。

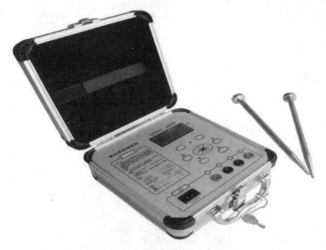

图4-8 数字式接地电阻测试仪外观图

（1）接地电阻的测量

数字式接地电阻测试仪接地电阻的测量如图4-10所示。

测量方法：沿被测接地极E（C_2、P_2）和电位探针P1及电流探针C1，按直线彼此相距20 m，使电位探针处于E、C中间位置，按要求将探针插入大地。

用专用导线将接地电阻测试仪端子E（C_2、P_2）、P_1、C_1与探针所在位置对应连接。

开启接地电阻测试仪电源开关ON，选择合适挡位轻按一下挡位键则该挡位指示灯亮，表头LCD显示的数值即为被测地电阻。

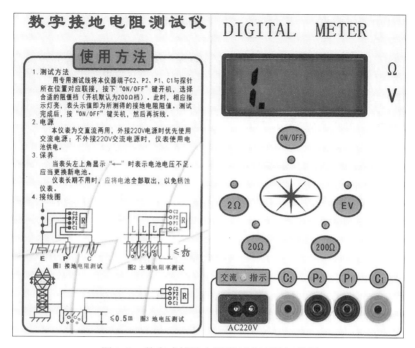

图4-9　数字式接地电阻测试仪面板细节图

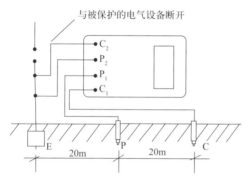

图4-10　数字式接地电阻测试仪接地电阻的测量

（2）土壤电阻率的测量

土壤电阻率的测量其对应的接线方法如图4-11所示。

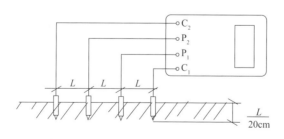

图4-11　土壤电阻率的测量其对应的接线方法

测量时在被测的土壤中沿直线插入四根探针，并使各探针间距相等，各间距的距离为L，要求探针入地深度为$L/20$ cm，用导线分别从C1、P1、P2、C2各端子与四根探针相连接。若接地阻测试仪测出电阻值为 R，则土壤电阻率按下式计算：

$$\Phi = 2\pi RL$$

式中，Φ 为土壤电阻率（$\Omega \cdot cm$）；L 为探针与探针之间的距离（cm）；R 为接地电阻测试仪的读数（Ω）。

用此法测得的土壤电阻率可近似认为是被埋入探针之间区域内的平均土壤电阻率。

注：测地电阻、土壤电阻率所用的探针一般地直径为 25 mm，长 0.5～1 m 的铝合金管或圆钢。

（3）导体电阻测量

导体电阻的测量接线图如图 4—12 所示。

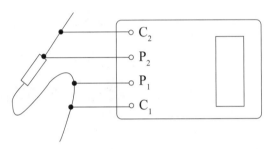

图4—12　导体电阻的测量接线图

按照图 4—12 所示的方法连接好导线，然后打开接地电阻测试仪的电源开关，选择好合适的量程后，即可读出待测导线的电阻值。

（4）接地电压测量

测量接线见图 4—10，拔掉 C1 插头，E、P1 间的插头保留，启动地电压（EV）挡，指示灯亮，读取表头数值即为 E、P1 间的交流地电压值。

在使用完接地电阻测试仪后一定要按一下电源 OFF 键，使测试仪关机。

4. I—V曲线测试仪的使用方法

I—V 曲线测试仪是太阳能光伏系统进行测试和定期维护的一种专用仪器。以 HT I—V400 为例，I—V400 可以用于测量单个太阳能光伏组件或电池串的 I—V 特性和主要性能参数。该仪器可以测试装置的 I—V 特性，还能测试它的温度和外部的太阳能辐射。具体功能为：测试光伏组件或组串的输出电压达到 1 000 V；测试光伏组件或组串的输出电流达到 10 A；可以通过参考单元测量太阳能辐射功率；测量光伏组件或组串或环境的温度，可自动或手动方式使用 PT1000 测温探头；测量光伏组件或组串的直流视在功率；显示图形化的 I—V 特性；测量光伏组件阻抗等。HT I—V400 外观如图 4—13 所示。HT I—V400 测试接线图如图 4—14 所示。

HT I—V400 的使用方法如下：

① 长按 ON/OFF 键可启动测试仪。

② 测试仪器显示屏显示的界面如图 4—15 所示。

• Vdc：仪器的 C1 和 C2 输入端之间的电压即太阳电池板的直流输出电压。

• Irr：参考太阳电池测量的太阳辐照度。

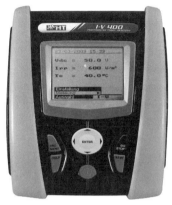

图4-13　HT I-V400外观

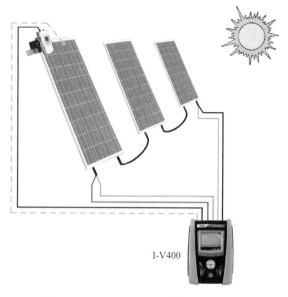

I-V400

图4-14　HT I-V400测试接线图

```
15/06/09    15:34:26

Vdc =        0.0  V

Irr    = -   -   - W/m²

Tc     = -   -   - °C


Module: PANEL01

Temp:  Aux

Select         I-V
```

图4-15　HT I-V400显示屏界面

- Tc：温度探针测量的太阳电池组件温度。
- Module：内部数据库中上次使用的参数模块。
- Temp：太阳电池组件温度的测量模式。

③ 按【Enter】键，选择Settings选项，然后按【Enter】键确认，接着就进入设置被测太阳电池组件类型和太阳电池组串中的组件数量界面。设置好组件的类型和数量，即可测量出光伏组件的相应性能参数。

5. 红外线热像仪的使用方法

（1）红外线热像仪的工作原理

红外线热像仪是利用红外探测器和光学成像物镜接收被测目标的红外辐射能量分布图形反映到红外探测器的光敏元件上，从而获得红外热像图。这种热像图与物体表面的热分布场相对应。通俗地讲，热像仪就是将物体发出的不可见红外能量转变为可见的热图像。热图像上面的不同颜色代表被测物体不同部位的不同温度。任何有温度的物体都会发出红外线，热像仪就是接收物体发出的红外线，通过有颜色的图片来显示被测量表面的温度分布，根据温度的微小差异来找出温度的异常点，从而指导物体的维护。红外线热像仪的外观如图4-16所示。

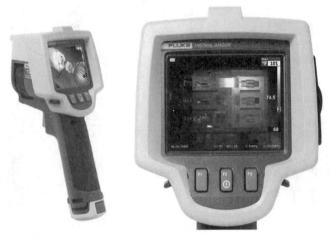

图4-16　红外线热像仪外观图

（2）红外线热像仪的使用方法

① 开启和关闭热像仪：按下中间的F2功能键2 s。

② 使用功能表设置红外线热像仪的红外融合水平、调色板、检视温度范围、背光、点温度、语言、发射率等功能。

功能表有3个功能键（F1、F2、F3）配合，用来设置热像仪的功能。要用功能表按【F2】键。功能表显示屏上，每个功能键上方的文字都与功能键对应。按【F2】键开启功能表并且在功能表之间循环切换。

③ 进行拍摄。

（3）拍摄时应注意的事项（以 Ti25 为例）

① Ti25 拍摄影像的最小距离约为46 cm。

② 一般拍摄距离为46~200 cm，不要拍摄得太远。

③ 摄像头可以手动调焦距，可以使画面数据更准确。

④ 热像仪镜头不要用手去摸或用水去清洗镜头，使用后要关上保护盖。

⑤ 测量温度范围 −20~+350℃ 。

⑥ 拍摄红外热图像时，要注意三点：温度范围、聚焦和图像构成。首先要选择温度范围，设置自动调整温度范围，手动调整温度范围太高或太低都不利于读取温度。另外，要调整好焦距，目前的红外热像仪大多具有自动聚焦功能，可以在此基础上进行手动调焦，以获得最清晰的图像。红外线热像仪焦距调节效果图如图4-17所示。

⑦ 避免环境的反射。环境的反射有周围点源目标的反射和周围背景的反射两种情形，反射主要是因为要测量的目标表面辐射率较低所致。目标真实的温度分布是渐变的，而反射的温度分布则不同；操作者拍摄的方向不同，看上去发热的部位也不同。红外线热像仪拍摄物体具有环境反射时的效果图4-18所示。

(a) 调好焦距 (b) 未调好焦距

图4-17 红外线热像仪焦距调节效果图

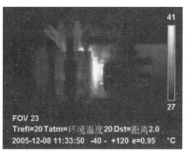

图4-18 红外线热像仪拍摄物体具有环境反射时的效果图

（4）数据分析

红外线热像仪对测得的数据可以采用表面温度判断及同类比较等方法进行数据分析。

① 表面温度判断法：根据测得的设备表面的温度值，对照GB/T 11022—2011《高压开关设备和控制设备标准的共用技术要求》的有关规定，凡温度超过标准的可根据设备超标的程度、设备负荷率的大小、设备的重要性及设备承受的机械应力的大小来确定设备缺陷的性质，对在小负荷率下温升超标或承受机械应力较大的设备要从严定性。设备的缺陷程度可以划分为：危急热缺陷（Ⅰ），即电气设备表面温度超过90℃，或温升超过75℃或相对温差（温差）超过55℃；严重热缺陷（Ⅱ），即电气设备表面温度超过75℃，或温升超过65℃或相对温差（温差）超过50℃；一般热缺陷（Ⅲ），即电气设备表面温度超过60℃，或温升超过30℃或相对温差（温差）超过25℃；热隐患（Ⅳ），电气设备表面温度超过50℃，或相对温差（温差）超过20℃。

② 同类比较法：在同一电器回路中，当三相电流对称和三相（或两相）设备相同时，比较三相或两相电流致热型设备的对应部位的温升值，可判断设备是否正常。若三相设备同时出现异常，可与同回路的同类设备进行比较。当三相负荷电流不对称时，应考虑负荷电流的影响。

对于型号相同的电压致热型设备，可根据其对应点温升值的差异来判断设备是否正常。电压致热型设备的缺陷宜用允许温升或同类允许温差的判断依据确定。一般情况下，当同类温差超过允许温差值30%时，应定为严重缺陷。当三相电压不一致时应考虑工作电压影响。（允许温升标准参照DL/T 644—1999《带电设备红外诊断技术应用导则》中相关设备的允许温升值）。

（5）红外检测周期

应结合工作实际和生产计划制定红外检测与诊断周期，并严格执行。

① 带电设备所有接头至少每月测试一次，并在设备巡视记录上做好记录，包括测试时间、本次测试中的最高温度、具体部位，重要枢纽站和负荷较重的变电站，检测次数可以根据情况增加。

② 一般在预试和检修开始前应安排一次红外检测，以指导预试和检修工作。

③ 新建、扩改建或大修（尤其是拆接过接头的）电气设备在带负荷后的 3 天内应进行一次红外检测和诊断，对 110 kV 及以上的电压互感器、耦合电容器、避雷器等设备应进行准确测温，求出各元件的正常温升值，作为分析这些设备参数变化的原始资料。

④ 在每年的大负荷或者度夏高峰来临之前，应加强对带电设备的红外检测，至少增加一次带电设备红外普测。

⑤ 计划性普测应结合停电计划有针对性地进行安排，遇较大范围设备计划停电，应在停电前 48 h 进行一次计划性普测。

⑥ 对于运行环境差、设备陈旧及缺陷设备，在负荷突然增加或运行方式改变等情况下，要增加监测次数。

⑦ 危急热缺陷发现并上报后每 1 h 测试一次，并在设备巡视记录上做好记录，包括记录测试时间、环境温度、发热部位、发热温度及负荷电流。严重热缺陷发现并上报后，每 5 h 测试一次，并做好相应记录；一般热缺陷发现并上报后，每 3 天测试一次，并做好相应记录；热隐患发现并上报后，每 10 天测试一次。

4.2 光伏电站运行与维护智能化运维工具

4.2.1 光伏电站智能化运维监控系统

光伏电站的智能化运维，简单来说可以实现四大作用，包括对电站的远程监测和控制、远程智能运行维护管理、发电效率分析与优化服务、电站资产的评估。具体来说，智能化运维通过将大数据处理、云计算、远程通信控制技术、物联网技术等与能源领域相结合，一方面可以实现发电端的智能化运营维护，降低维护成本；另一方面可以对处于运行状态的设备进行预防性报警，增加客户的电站运行和产出效率。光伏电站智能化监控体系如图 4-19 所示。

分布式电站和大型地面光伏电站智能化运维监控组网方案如图 4-20 所示。

光伏电站的智能化运维监控系统采用有线光纤、无线 GPRS、3G、4G 等通信组网方式，借助一些智能化的数据采集和传输设备，实现对光伏电站的远程监测和控制、远程智能运行维护管理、发电效率分析与优化服务、电站资产的评估。具体来说，智能化运维技术通过将大数据处理、云计算、远程技术、物联网技术等与能源领域相结合，一方面可以实现发电端的智能化运营维护，降低维护成本；另一方面可以对处于运行状态的设备进行预防性报警，增加客户的电站运行的产出效率。

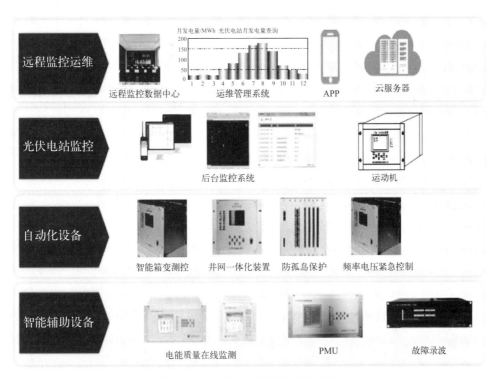

图4-19　光伏电站智能化监控体系

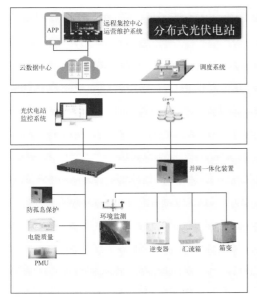
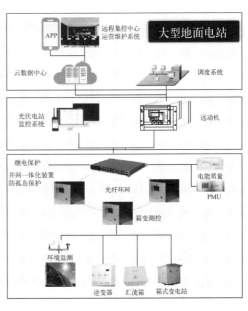

图4-20　光伏电站智能化运维监控组网方案

　　目前，光伏电站智能化运维监控系统除采用传统的有线和无线通信方式来进行远程监控外，有的光伏电站已开始融入北斗卫星技术来进行通信组网。采用北斗卫星技术可以稳定、高效、实时、安全地实现光伏电站远程数据的传输、发电设备的监测、电站现场的监管、电站管理的调度、电站环境的监测等功能。

4.2.2　智能运维机器人

组件清洗工作过去一直采用人工清洗的方式进行，而人工清洗成本高、效率低，白天清洗影响发电，并且一些山坡项目、农业大棚又给人工清洗带来极大困难。智能运维机器人的问世，为饱受尘埃污染困扰的光伏电站提供了较好的解决方案。以协鑫新能源第三代智能运维机器人为例，它具有无导轨设计、全方位高效清扫、太阳能供电、智能控制、无水清扫、全天候工作、保护功能完善等多项功能。它不仅可以充当"保洁员"，还是个"保健医生"，在它驶过组件表面的同时，还能对组件进行一次健康状况的扫描，并通过传输系统将检测信息传到大数据平台，实现人机互动，运维人员不出房间即可完成全部运维工作。无水清洁、完全自供电以及全自动运行，意味着零水成本、零电力成本甚至零人力成本。其运行效果图如图4-21所示。

图4-21　协鑫新能源第三代智能运维机器人运行效果图

现在还出现了一些智能运维机器人，其配备了20倍变焦的高清摄像头，并安装有检测接头温度的红外线热像仪，能轻松实现照相、测温等功能。它能每天巡视，独立地给站内的测温接头和表头读数做"体检"，确保它们有良好的运行状态。如果发现异常，第一时间将情况报告给工作人员，以便及时处理。它在工作时不需要别人操控指引，自己完全认得路。如果在巡检过程中出现电量告急，它还能保持一定的"体力"自己回到专属屋子去充电。图4-22所示的智能运维机器人为日本Sinfonia科技公司开发的光伏组件清扫机器人Resola，可使用水自动清理光伏组件表面，它能针对安装在地面上5~20°倾斜角单/多晶硅光伏电池组件进行清洗，而且它自身装有自动导航系统，其安装的红外传感器可使其按照设置的路线运动，不会从面板上掉落。

由智能运维机器人和网络一起搭建的智能运维机器人系统目前可以用来及时清理尘垢污渍、准确探测光伏组件的热斑、检测挑选出效能低下的光伏组件，通过有线或无线的方式搭建的管理平台可以实现数据的自动传输和人机互动远程控制。尤其是这种机器人系统可以在晚上进行运维，真正达到了高度智能、高效、安全及无人值守的目的。智能运维机器人夜间运行效果图如图4-23所示，智能运维机器人系统监控平台如图4-24所示。

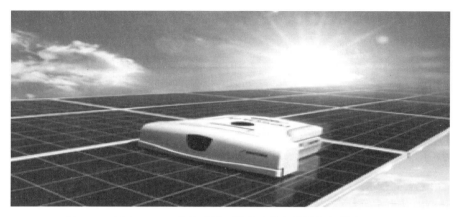

图4-22 日本Sinfonia科技公司开发的光伏组件清扫机器人Resola

图4-23 智能运维机器人夜间运行效果图

图4-24 智能运维机器人系统监控平台

4.2.3 智能运维无人机

国内现在已经建成的地面光伏电站大多都是几十兆瓦以上的规模，这些大型地面电站覆盖面积大，组件系统排布密集，日常电池板巡检工作量很大。虽然有光伏电站监控系统能够报告各个发电单元的发电状况，但很难监控到兆瓦级光伏电站中的每块电池板，单靠人力完成这些工作也会耗费巨大的时间和人力成本。用无人机来监测电站能够明显提高对电站隐患、故障的定位检查能力，同时它还具有强大的数据处理能力，通过无人机和红外照相机采集光伏电站温度、图像、地理位置等数据，快速处理并分析出电池板的状态，定位故障电池板的位置。使用无人机技术进行光伏电站的运维效果图如图4-25所示。

图4-25 使用无人机技术进行光伏电站的运维效果图

使用无人机技术进行光伏电站的运维还具有如下特点：

1. 成本低廉

光伏电站传统的预防性的运维方案是采用派驻人员、车辆到相关的光伏电站运维点进行定期检查的方式来防范重大问题和事故，这一运维方案是一项费时、费力、费钱的方案，对于大型光伏电站来说，高频次综合性的检查在成本上远高于使用无人机进行运维的方案。

采用无人机进行光伏电站的运维工作，能节省车辆、人员、燃油等诸多成本，并且能减少派出人员到光伏电站相关运维站点进行运维的费用。据统计，现在租用一台能够执行一系列光伏相关任务（包括组件、线缆及其他部件的视觉成像、红外线热成像以及植被监测）的无人机一年的费用在15万元~50万元之间，是在所有的光伏电站运维方案中成本最低的。

2. 功能强，效率高

无人机可以瞬间采集多种不同的数据，实时精确地锁定故障点的地理坐标。这种多类型数据采集的能力还支持GPS标注、视觉成像、激光测距脉冲雷达成像，甚至还可以对可见光波长以外的光信号进行探测。

当这种彼此相关的多维度数据源源不断地传送到控制中心时，传统的运维模式和流程将获得脱胎换骨的升级，光伏系统问题的诊断和判别效率将极大提升。另外，它还能通过模式识别和变化检测技术，提供更为经济便捷的预防性方案，全方位监控电站的"健康"状况，进一步优化运维响应速度。

低空飞行并携带有高分辨率红外照相机的无人机可以清晰地拍摄到光伏组件的许多问题，如龟裂、蜗牛纹、损坏、焊带故障等，也可以发现污点和植被遮挡这类问题，还可以使用热成像技术来监测汇流箱、接线盒、逆变器等电气设备的温度，从而可以有效避免各种电气故障的发生。无人机热成像图如图4-26所示。

图4-26　无人机热成像图

习　题

1. 光伏电站运行与维护中使用的硬件工具有哪些？

2. 红外线热像仪和接地电阻测试仪在使用时应注意哪些方面？

3. 钳形电流表有什么功能？在使用时应注意哪些方面？

4. 智能化监控系统的体系结构一般由什么设备构成？

5. 智能运维机器人和智能运维无人机在光伏电站的运行与维护中有什么特点？在光伏电站运行与维护应用方面有什么异同？

第5章

→ 现场诊断中的光伏电站问题及案例

- 了解线下现场运维状态下光伏电站的现状。
- 掌握光伏电站现场诊断中的典型设备问题及案例。
- 掌握光伏电站现场诊断中的安全隐患问题及案例。
- 掌握光伏电站现场诊断中的管理问题及案例。
- 掌握通过现场诊断提升光伏电站发电量的方法。

现场诊断是光伏电站O2O运维模式这一专业运维理念中线下运维的重要手段，本章从位于新疆、青海、内蒙古、河北、陕西、云南、湖北等地的50座典型光伏电站的线下现场运维的现状分析入手，总结、归纳出了有关光伏电站现场诊断中发现的主要设备问题、常见安全隐患问题、日常管理疏漏问题及提升发电量的典型案例及分析，以供光伏电站实际运维时作为参考。

5.1　线下现场运维状态下光伏电站的现状

光伏电站的全生命周期主要包括选址、设计、设备选型、建设及运行维护等几个阶段，具体的光伏电站全生命周期的时间划分如图5-1所示。

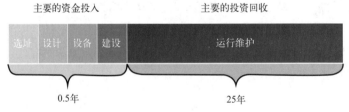

图5-1　光伏电站全生命周期的时间划分

从图5-1中可看出，光伏电站全生命周期中98%的时间属于运行维护，而运行维护阶段的核心目标是保障设备安全、稳定运行，争取最大的发电收益，通过对50座典型光伏电站的线下现场诊断发现，目前的光伏电站设备故障频发，且不能及时发现，造成发电量持续损失；安全隐患较多，造成资产损失及人身伤害；日常管理不到位，缺少专业运维管理体系，运维成效难以保证等诸多不足。现场运维状态下光伏电站的现状如下：

1. 发电量提升空间大

目前线下现场运维的光伏电站其对应的发电量的可提升空间大，造成光伏电站发电量可提升空间大的核心问题是故障发现不及时，致使发电量长时间损失。

2. 设备故障率高

通过对50座典型光伏电站进行详细的线下现场抽样诊断分析共发现故障609处，其中光伏组件的故障数为288处，占总故障数的47.29%；汇流箱的故障数为157处，占总故障数的25.78%。光伏电站主要设备故障数和故障率统计表如表5-1所示。

表5-1　光伏电站主要设备故障数和故障率统计表

设 备 名 称	故 障 数 量	故 障 占 比
环境监测仪	60	9.85%
支架	41	6.73%
组件	288	47.29%
连接器	35	5.75%
汇流箱	157	25.78%
逆变器	26	4.27%
高压设备	2	0.33%
合计	609	100%

3. 光伏电站的安全隐患多

光伏电站设备数量多、施工周期短、运维的规范和标准缺失、故障频发，因此存在较多的安全隐患，其中光伏电站的主要安全隐患可分为火灾风险、人身伤害风险、自然灾害风险和安全管理风险等安全隐患。具体的光伏电站安全隐患统计表如表5-2所示。

表5-2　光伏电站安全隐患统计表

序　号	安全隐患种类	隐　患
1	火灾风险	组件热斑
2		接线盒异常发热
3		连接器异常发热
4		电缆虚接异常发热
5	人身伤害风险	绝缘失效
6		接地失效
7		线头裸露
8		等电位连接失效
9		高空坠落

序　号	安全隐患种类	隐　患
10	自然灾害风险	雷电灾害
11		洪水灾害
12		暴风灾害
13		小动物破坏
14	安全管理风险	安全工器具管理不到位
15		两票制度执行不到位
16		应急预案缺失
17		安全标识配备不齐全

4. 日常管理不到位

光伏电站日常管理主要包括工器具管理、备品备件管理、缺陷管理、巡检管理等。通过现场检测诊断分析发现，造成光伏电站发电量损失和安全隐患的原因很大程度上是由于日常管理缺失。通过对50座典型光伏电站的日常管理现状统计分析，得到的常用工器具配备情况和常用的备品备件配备情况分析表分别如表5-3和表5-4所示。

表5-3　光伏电站常用工器具配备情况分析表

常用工器具名称	万用表	钳形线流表	热成像仪	I-V曲线测试仪	接地电阻测试仪	绝缘电阻表	连接器工具套装
光伏电站的配备情况	100%	100%	16%	6%	12%	100%	4%
使用熟练度	优	优	中	差	中	优	差

表5-4　光伏电站常用备品备件配备情况分析表

备品备件名称	光伏电站配备情况	备品备件名称	光伏电站配备情况
组件	88%	接线端子	68%
压块	80%	防水端子	42%
接线盒	66%	熔断器底座	58%
汇流箱断路器	10%	防雷模块	62%
线鼻子	34%	监测模块	16%
连接器	60%	汇流箱整机	80%
熔丝	96%	电源模块	8%

由表5-3和表5-4可知，大部分光伏电站存在管理疏漏、常用工器具及备品备件配备不齐全、影响光伏电站整体运行水平等问题。

综上所述，线下现场运维状态下的光伏电站普遍存在问题，导致电站运行情况较差，影响发电收益。光伏电站发电量的提升，应同时从排查设备故障、消除安全隐患及完善日常管理三方面着手，以提升运维工作成效，最大化地保障电站收益。

5.2 光伏电站现场诊断中的设备问题及案例

目前，各光伏电站均存在着不同程度的发电量提升空间，电站的设计、施工和运维等环节也均存在影响发电量的因素，而这些因素大多体现为设备方面的问题。通过对50座典型光伏电站的线下现场检测诊断分析得到的光伏电站主要设备问题汇总图如图5-2所示。

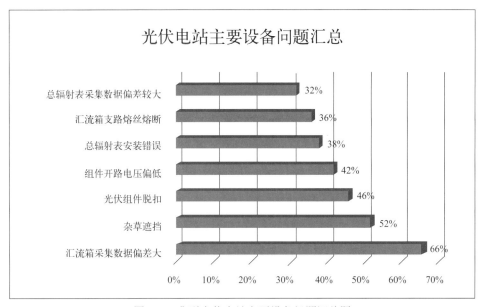

图5-2　典型光伏电站主要设备问题汇总图

从图5-2可以看出，辐射仪、汇流箱、光伏组件等设备的问题所占的比例较大，尤其是汇流箱数据采集设备的故障率达到66%，光伏组件的脱扣率达46%，光伏组件的开路电压偏低的故障率达42%，都是光伏电站中常见的故障。

5.2.1 现场诊断中发现的环境监测仪问题及案例

辐射量是光伏电站通过PR（系统效率）评价电站运行水平的基础。由于环境监测仪出现故障后不会对发电量产生直接影响，因此环境监测仪的问题在光伏电站中常常被人们忽视。

光伏电站环境监测仪常见问题主要包括安装错误和采集数据不准确两类案例，这两类案例的具体情况如表5-5所示。

表5-5　环境监测仪常见问题统计分析表

序　号	类　别	问　题
1	安装错误	基础安装不牢固、总辐射表安装角度与组件不一致、直接辐射表及散射辐射表安装错误、温度探头安装错误，环境监测仪安装方向错误
2	采集数据不准确	辐射表采集精度较差或玻璃罩灰尘遮挡严重

1. 环境监测仪安装错误案例

通过现场检测诊断发现，大部分光伏电站环境监测仪安装均存在问题，要么基础安装不牢固，要么存在辐射表安装角度错误，都对设备自身安全运行或数据采集造成了影响。环境监测仪安装错误案例如图5-3所示。

(a) 基础不牢固　　　　　　(b) 跟踪系统损坏　　　　　　(c) 安装方向错误

图5-3　环境监测仪安装错误案例

2. 采集数据不准确案例

表5-6所示为内蒙古某100 MWp光伏电站PR值统计表，该电站3个月平均PR值为102.82%，明显超出合理范围。

表5-6　内蒙古某100 MWp光伏电站PR值统计表

月　　份	总辐射量/（MJ/m²）	上网电量/万kW·h	理论发电量/万kW·h	PR值
5月	579.14	1 648.94	1 608.72	102.5%
6月	579.95	1 686.69	1 610.98	104.7%
7月	575.23	1 619.01	1 598.86	101.26%
平均值	578.23	1 651.54	1 606.19	102.82%

经检查发现该电站环境监测仪采集数据明显偏小，导致依据环境监测仪所采集的数据计算出来的理论发电量明显少于实际发电量，所得的PR值也就明显偏大。

图5-4所示为青海某20 MWp光伏电站环境监测仪的采集数据，从图中可知该光伏电站的瞬时辐射数据明显超出合理范围。

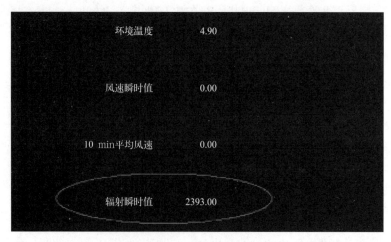

图5-4　青海某20 MWp光伏电站环境监测仪的采集数据

因此，在光伏电站的线下现场运维过程中，应加强环境监测仪日常检查和维护，及时对辐射表进行清洁及校准，保证其采集数据真实可靠。

5.2.2　现场诊断中发现的光伏组件常见问题及案例

光伏电站组件数量多，故障率高。现场诊断中发现的光伏组件常见问题如表5-7所示。

表5-7　光伏组件常见问题

序　号	类　别	问　题
1	遮挡	灰尘遮挡、杂草遮挡、阵列遮挡、逆变房遮挡、电线杆遮挡、树荫遮挡、鸟粪遮挡等
2	连接器故障	连接器脱扣、连接器内退等
3	接线盒故障	旁路二极管击穿、汇流线损坏、盒体开裂等
4	组件衰减	隐裂、组件自衰减、PID（电势诱导衰减）效应
5	物理损坏	表面玻璃破碎、背板划伤、边框变形等

1. 遮挡

光伏电站因所处环境不同，所产生的遮挡现象也不尽相同。在光伏电站线下现场诊断中发现在所有遮挡现象中，存在杂草遮挡的电站数量最多。以内蒙古某100 MWp光伏电站为例（见图5-5和图5-6），在天气晴朗且辐射值变化不大的情况下，66区1#逆变器4#汇流箱第7支路除草前后电流值分别为4.0 A和9.0 A。由此可见，杂草遮挡对组串输出功率影响较大。

图5-5　内蒙古某100 MWp光伏电站66-1-4-7支路除草前电流值

图5-6　内蒙古某100 MWp光伏电站66-1-4-7支路除草后电流值

2. 连接器故障

连接器主要故障为脱扣和内退，其中光伏电站连接器脱扣现象十分普遍。连接器脱扣或内退会造成支路电流为零，影响发电量，同时也存在一定安全隐患。具体的连接器故障问题案例如图5-7所示。

 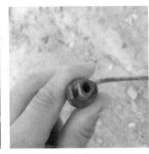 

(a) 宁夏某20 MWp电站　　(b) 甘肃某20 MWp光伏　　(c) 新疆某30 MWp电站
　连接器脱扣　　　　　　　电站连接器内退　　　　　连接器脱扣

图5-7　连接器故障问题案例

3. 接线盒故障

光伏组件接线盒的故障问题主要表现为组件接线盒二极管击穿、接线盒盒体开裂、接线盒汇流线损坏。接线盒的故障会造成组件出力下降，同时也存在一定安全隐患。在接线盒的故障问题中二极管击穿及汇流线损坏在光伏电站中出现的比例较大。以内蒙古某30 MWp光伏电站为例，该电站接线盒故障较多，占抽样接线盒数量的5%，造成大量电量损失，同时存在很大安全隐患，具体如表5-8所示。

表5-8　内蒙古某30 MWp光伏电站组件检查表

方　阵	汇流箱	异常支路	实测电流/A	故障原因
1	11	6	实测电流6.9，其他7.2	接线盒二极管击穿
	13	15	实测电流4.6，其他5.1	接线盒汇流线损坏
	4	3	实测电流3.0，其他3.3	接线盒汇流线损坏
		16	实测电流3.1，其他3.4	接线盒二极管击穿
		9	实测电流6.7，其他6.9	接线盒汇流线损坏
6	13	2	实测电流6.2，其他6.7	接线盒汇流线损坏
		3	实测电流6.2，其他6.7	接线盒汇流线损坏
	8	13	实测电流5.9，其他6.2	接线盒二极管击穿
26	3	11	实测电流4.5，其他4.7	接线盒汇流线损坏
	11	1	实测电流4.5，其他5.2	接线盒汇流线损坏
接线盒故障统计				5%

4. 组件衰减

组件衰减主要包括组件隐裂引起的衰减、PID效应引起的衰减和组件自衰减。

（1）组件隐裂

组件隐裂为组件内部隐性缺陷，需要借助EL测试仪才能发现，一般由施工或现场运维不当造成。光伏组件隐裂EL成像图如图5-8所示。

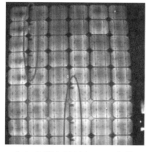

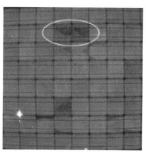

（a）内蒙古某100 MWp电站　　（b）内蒙古某30 MWp电站　　（c）新疆某40 MWp电站

图5-8　光伏组件隐裂EL成像图

（2）PID效应

PID（Potential Induced Degradation，电位诱发衰减）效应的产生原因是电池片和组件边框（保护接地）之间产生漏电流而导致光伏组件的电位衰减。PID效应会严重影响组件的输出性能。

下面以甘肃某20 MWp光伏电站为例，14#方阵2#汇流箱15支路的组件发生PID效应，对该支路下的组件和正常组件进行EL成像图对比，如图5-9所示。

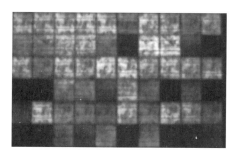
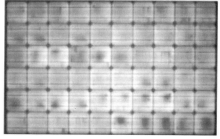

图5-9　甘肃某20 MWp光伏电站组件EL成像图对比

对图5-9所示组件所在支路中的所有组件进行输出性能测试，测试结果如表5-9所示。

表5-9　组件衰减测试数据记录表

组件型号：×××245-29b						
组件编号	P_{max}/W	V_{oc}/V	V_{mpp}/V	I_{mpp}/A	I_{sc}/A	FF
上1	92.81	34.69	25.98	3.57	4.46	0.60
下1	120.56	35.13	28.77	4.19	4.53	0.76
上2	95.40	34.47	25.20	3.79	4.45	0.62
下2	120.13	35.04	28.48	4.22	4.51	0.76
上3	101.49	34.56	26.55	3.82	4.61	0.64
下3	122.72	35.06	28.91	4.25	4.56	0.77
上4	113.67	35	28.05	4.05	4.68	0.69

组件编号	P_{max}/W	V_{oc}/V	V_{mpp}/V	I_{mpp}/A	I_{sc}/A	FF
下4	127.74	35.26	29.05	4.4	4.76	0.76
上5	118.04	34.86	27.63	4.27	4.83	0.70
下5	128.46	35.16	28.55	4.5	4.85	0.75
上6	122.59	34.93	28.98	4.23	4.94	0.71
下6	126.05	34.97	28.34	4.45	4.75	0.76
上7	128.04	35.12	28.77	4.45	4.98	0.73
下7	131.37	35.13	28.2	4.66	4.94	0.76
上8	131.74	34.9	28.55	4.61	5.06	0.75
下8	131.83	35.09	28.55	4.62	4.92	0.76
上9	135.03	34.83	28.27	4.78	5.17	0.75
下9	136.94	35.13	28.41	4.82	5.19	0.75
上10	136.31	34.97	28.05	4.86	5.18	0.75
下10	136.06	35.07	28.41	4.79	5.17	0.75

组件型号：×××245-29b

表5-10中，P_{max}为光伏组件的最大输出功率，V_{oc}为光伏组件的开路电压；V_{mpp}为光伏组件的最大功率点电压；I_{mpp}为光伏组件的最大功率点电流；I_{sc}为光伏组件的短路电流；FF为光伏组件的填充因子。表5-10中，编号为"上1、上2、上3、上4"的光伏组件在实际安装位置更靠近光伏组串的负极。从表5-10中的数据可以看出，上述光伏组件的FF比其他位置的要更低，即越靠近组串负极，组件性能下降越明显。

（3）组件自衰减

组件的过快衰减会对发电量产生重大影响，以云南某27 MWp光伏电站为例，该电站投运一年后组件平均衰减率为4.4%，衰减程度较大，详细测试数据如表5-10所示。

表5-10　云南某27 MWp光伏电站组件衰减测试数据记录表

组 件 位 置	辐照度/(W/m²)	组件温度/℃	FF	STC功率/W	标称功率/W	功率衰降
14#−H14−8东上9	742	47.6	0.73	246.28	255	3.42%
14#−H14−8东上10	826	48	0.73	246.70	255	3.25%
14#−H14−8东下10	685	48.9	0.74	240.72	255	5.60%
14#−H14−8东下9	855	48.8	0.73	235.08	255	7.81%
14#−H14−8东下8	832	48.8	0.73	238.64	255	6.41%
14#−H14−8东上8	822	49	0.74	237.02	255	7.05%
14#−H14−8东下7	845	49.4	0.73	238.59	255	6.43%
14#−H14−8东上7	867	50.3	0.73	244.48	255	4.12%
14#−H14−8东下6	897	51	0.73	241.99	255	5.10%
14#−H14−8东上6	919	51.3	0.72	242.53	255	4.89%
14#−H14−8东下5	905	49.1	0.73	237.39	255	6.90%

组件型号：××××−255P

组件型号：××××−255P						
组 件 位 置	辐照度/(W/m²)	组件温度/℃	FF	STC功率/W	标称功率/W	功率衰降
14#−H14−8东上5	922	46.4	0.73	251.27	255	1.46%
14#−H14−8东下4	868	45.1	0.73	252.32	255	1.05%
14#−H14−8东上4	870	47.6	0.73	250.26	255	1.86%
14#−H14−8东下3	907	49	0.73	243.46	255	4.52%
14#−H14−8东上3	914	49.3	0.72	246.13	255	3.48%
14#−H14−8东上2	802	47.8	0.72	254.05	255	0.37%
14#−H14−8东下2	841	47	0.74	241.61	255	5.25%
14#−H14−8东上1	832	47.6	0.74	249.53	255	2.14%
14#−H14−8东下1	968	41.9	0.73	242.37	255	4.95%
14#−H14−8整串	799	46	0.73	4 782.41	5 100	6.23%
平均衰减率						4.40%

5. 物理损坏

组件物理损坏主要包括表面玻璃破碎、背板划伤、组件边框变形等，长时间带故障运行会对组件输出性能产生影响，造成发电量损失，甚至引发安全事故。组件物理损坏案例如图5−10所示。

(a) 表面玻璃破碎　　　　　(b) 背板划伤　　　　　(c) 组件边框变形

图5−10　组件物理损坏案例

5.2.3　现场诊断中的汇流箱问题及案例

汇流箱常见问题主要包括支路电流异常、采集数据误差大、标记不规范等。通过光伏电站的线下现场诊断分析得到的汇流箱常见问题如表5−11所示。

表5−11　汇流箱常见问题

序　　号	类　　别	问　　题
1	采集数据不准确	监测模块精度低、通信板损坏
2	熔丝故障	熔丝损坏、熔丝底座烧毁
3	标记不规范	箱体无标识、无支路线标、支路线标与支路不对应
4	RS−485通信线接线不规范	RS−485通信线未接或地线未接

1. 汇流箱采集数据不准确

汇流箱采集数据误差大不仅会造成电站后台监测数据不准确，更会造成运维人员对故障的误判，降低工作效率。新疆某20 MWp光伏电站汇流箱电流实测值与采集值的对比分析表如表5-12所示。

表5-12　新疆某20 MWp光伏电站电流对比分析表

汇　流　箱	9区-1汇		12区-1汇		12区-4汇	
支　　路	实测电流/A	监测电流/A	实测电流/A	监测电流/A	实测电流/A	监测电流/A
1	4.25	4.06	7.49	7.96	**4.34**	**3.54**
2	4.45	4.19	7.57	7.86	4.44	4.27
3	**4.27**	**4.85**	7.68	7.81	4.94	4.77
4	4.32	4.04	7.69	7.6	**4.69**	**4.19**
5	**4.62**	**4.21**	7.63	7.96	5.26	5.06
6	4.72	4.55	**7.54**	**7.92**	4.87	4.54
7	4.09	3.85	7.27	7.56	**4.37**	**3.83**
8	3.60	3.90	7.15	7.38	**2.97**	**1.9**
9	3.22	3.45	7.41	7.42	**4.28**	**3.82**
最大偏差			1.07		平均偏差	0.34

注：表中粗体字表示实测到的数据与监测到的数据偏差较大。

通过对比发现最大偏差为1.07 A，平均偏差为0.34 A，存在着汇流箱采集数据的不准确性问题。因此，在光伏电站运维过程中，应加强汇流箱采集数据精度核对，以保障运维工作的顺利开展。

2. 汇流箱熔丝故障

汇流箱熔丝故障主要包括熔丝损坏和熔丝底座烧毁。若熔丝出现故障，将导致支路电流为零，进而影响发电量。汇流箱熔丝故障案例如图5-11所示。

(a) 熔丝损坏　　　　　　　　(b) 熔丝底座烧毁　　　　　　　(c) 熔丝镀层氧化

图5-11　汇流箱熔丝故障案例图

3. 汇流箱标记不规范

光伏电站设备数量多，如果汇流箱箱体和各支路无明显标识，将无法快速定位故障点，增加运维人员的工作量，降低工作效率。汇流箱标记不规范案例如图5-12所示。

(a) 箱体无编号　　　　　　　(b) 支路编号错误　　　　　　　(c) 支路无编号

图5-12　汇流箱标记不规范案例图

4. 汇流箱485通信线接线不规范

汇流箱主要依靠485通信方式传输数据，而部分光伏电站485通信线未接或接线不规范（如地线未接），导致通信不稳定，从而影响运维人员对故障的判断。汇流箱485通信线接线不规范案例图如图5-13所示。

(a) 接线不规范　　　　　　(b) 地线未接且布线凌乱　　　　　　(c) 地线未接

图5-13　汇流箱485通信线接线不规范案例图

5.2.4　现场诊断中的逆变器问题及案例

光伏电站常用逆变器主要包括组串式逆变器和集中式逆变器两种，本节以集中式逆变器常见问题案例为主。集中式逆变器常见问题主要包括积灰严重及采集数据不准确两方面。具体的逆变器常见问题类型如表5-13所示。

表5-13　逆变器常见问题统计表

序　号	类　别	问　题
1	积灰严重	防尘网脱落、逆变室密封差
2	采集数据不准确	通信中断、采集模块精度低

1. 逆变器的积灰问题

逆变室密封不严或过滤网损坏，将造成逆变室积灰严重。长期的灰尘堆积会对电子设备造成损害，影响设备的正常运行。逆变器积灰严重的案例如图5-14所示。

(a) 过滤网掉落　　　　　　(b) 逆变器进风口积灰严重　　　　　　(c) 灰尘堆积严重

图5-14　逆变器积灰严重案例图

2. 逆变器采集数据不准确

逆变器转换效率和发电量是衡量逆变器性能的重要指标，但部分逆变器所采集到的数据却与实际测量数据相差过大。表5-14所示为青海某21 MWp光伏电站电表采集电量与逆变器采集电量数据对比表。

表5-14　青海某21 MWp光伏电站电表采集电量与逆变器采集电量数据对比表

逆变器：11A				
日　　期	直流侧电表电量/kW·h	交流侧电表电量/kW·h	逆变器输出电量/kW·h	交流电量误差百分比
11月26日	2 404.58	2 259	2 555.1	13.1%
11月27日	2 893.45	2 721	3 073.5	12.9%
11月28日	1 515.36	1 428	1 607.2	12.5%
11月29日	1 556.61	1 461	1 642.9	12.3%
逆变器：11B				
日　　期	直流侧电表电量/kW·h	交流侧电表电量/kW·h	逆变器输出电量/kW·h	交流电量误差百分比
11月26日	2 274.87	2 190	2 375.4	8.4%
11月27日	2 743.99	2 622	2 868.7	9.4%
11月28日	1 432.94	1 369	1 491.9	8.9%
11月29日	1 485.52	1 413	1 542.3	9.1%

注：交流侧电表安装于交流柜输出端。

由表5-14可以看出该电站逆变器自身采集的输出电量远大于实际计量电量。

5.2.5　现场诊断中的高压设备问题及案例

相对光伏电站直流侧设备，高压设备运行较为稳定，但部分光伏电站仍存在变压器漏油或电缆头爆裂等故障，对光伏电站的安全稳定运行造成严重影响。高压设备常见问题案例图如图5-15所示。

(a) 变压器漏油　　　　　　　　　　　　(b) 电缆头爆裂

图5-15　高压设备常见问题案例图

5.3　光伏电站现场诊断中的安全隐患问题及案例

光伏电站现场诊断中的安全隐患问题主要有火灾风险、人身伤害风险、自然灾害风险、安全管理风险等。

5.3.1　火灾风险隐患问题及案例

光伏电站火灾事故造成的损失巨大，通过线下现场诊断得到火灾风险隐患问题统计分析表，如表5-15所示。

表5-15　光伏电站主要火灾隐患问题统计分析表

火灾隐患点	形 成 原 因
组件热斑	外部因素：灰尘、鸟粪、落叶、周边建筑、电杆等遮挡。 内部因素：栅线虚接、组件气泡、隐裂、电池片漏电、旁路二极管失效等
接线盒异常发热	接线盒汇流线虚接、接线盒进水、旁路二极管失效等
连接器异常发热	连接器互插、安装工艺不合格、质量不合格等
电缆虚接异常发热	施工质量不合格

1. 组件热斑

组件长期热斑会造成封装材料退化、焊点熔化、局部烧毁等永久性损坏，严重热斑可能导致组件局部温度高达100 ℃以上，引起火灾。局部灰尘、鸟粪、落叶、电杆、阵列间遮挡等外部因素，以及组件虚焊、气泡、隐裂等自身因素都可能导致组件发生热斑。组件热斑案例如图5-16~图5-18所示。

图5-16　电线杆遮挡引起的组件热斑案例图

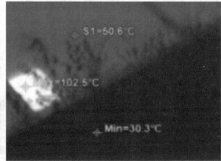

图5-17　杂草遮挡引起的组件热斑案例图

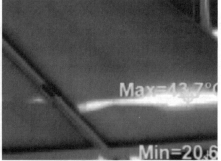

图5-18　胶痕遮挡引起的组件热斑案例图

2. 连接器异常发热案例

光伏电站发生火灾很大一部分原因来自于连接器拉弧着火，在光伏电站运维过程中可通过红外热成像仪发现连接器潜在隐患。连接器在光伏电站中的使用量非常大，1 MW光伏电站约需4 200套连接器，而每一个不可靠的连接都有可能成为安全隐患点。连接器的材料质量差、不同型号连接器互插、不规范安装等都可能造成异常发热，并最终烧毁。连接器异常发热案例如图5-19所示。

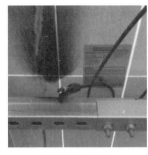

（a）连接器烧毁   （b）安装不规范   （c）连接器烧毁

图5-19　连接器异常发热案例图

3. 接线盒异常发热

汇流线虚接、旁路二极管击穿以及密封不良都可能造成接线盒异常发热，引起接线盒烧毁，甚至引发火灾。接线盒异常发热案例如图5-20所示。

（a）汇流线虚接   （b）接线盒烧毁   （c）接线盒密封不良

图5-20　接线盒异常发热案例图

接线盒的异常发热可通过目视检查和热成像分析来发现，如图5-21所示。

图5-21　接线盒异常发热的热成像图

4. 电缆虚接异常发热

电缆虚接可能造成线缆异常发热或直流拉弧，引起设备燃烧，从而引发电站火灾事故。电缆虚接异常发热案例图如图5-22所示。

(a) 支路线缆拉弧着火

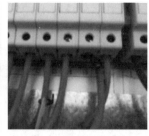
(b) 支路线缆虚接烧毁

(c) 支路电缆虚接

图5-22　电缆虚接异常发热案例图

电缆虚接可通过红外热成像仪快速发现，如图5-23所示。

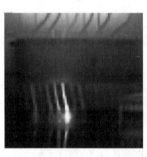
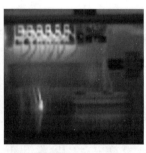

图5-23　汇流箱电缆虚接热成像图

5.3.2　人身伤害风险隐患问题及案例

人身安全是光伏电站安全运行的基本前提。在光伏电站中线缆绝缘失效、接地失效、线头裸露、等电位连接失效及高空坠物等都会对人身安全造成极大的隐患。光伏电站中造成人身安全隐患的主要因素如表5-16所示。

表5-16　人身伤害风险主要因素总结表

人身伤害隐患点	形成原因
绝缘失效	动物啃咬、线缆绝缘破损、电缆沟积水等
接地失效	接地扁铁断裂、接地网失效等
线头裸露	施工质量不合格等
等电位连接失效	等电位连接线脱落、螺母锈蚀、连接线材料不符合要求等
高空坠落	爬梯简陋、缺少防护措施等

1. 线缆绝缘失效

光伏电站发生线缆漏电，可能会对运维人员造成致命伤害。线缆绝缘失效案例如图5-24所示。

(a) 电缆断裂

(b) 电缆绝缘破损

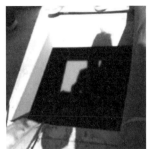
(c) 电缆沟积水

图5-24　绝缘失效案例图

2. 接地失效

接地失效会对光伏电站的设备和人员造成安全隐患。导致接地失效的主要原因包括接地扁铁锈蚀、断裂、接地线脱落等。接地失效案例如图5-25所示。

(a) 接地扁铁断裂

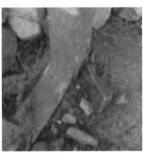
(b) 接地扁铁未做防锈处理

(c) 接地扁铁锈蚀

图5-25　接地失效案例图

光伏电站平均接地电阻值高于4 Ω时均存在较大安全隐患。青海某40 MWp光伏电站接地电阻测试数据如表5-17所示。

表5-17　青海某40 MWp光伏电站接地电阻测试数据表

位　置	测 试 点	测试数量	平均接地电阻
1QH2N1Z1N04	11支路地排	3	9.3 kΩ
	12支路地排	3	9.18 kΩ
	13支路地排	3	9.69 kΩ
	14支路地排	3	9.16 kΩ
1QH2N1Z1N03	11支路地排	3	886 Ω
	12支路地排	3	857 Ω
	13支路地排	3	826 Ω
	14支路地排	3	864 Ω

从表5-18中的检测数据可以看出，该光伏电站的检测支路的接地排的接地电阻均大于4 Ω，故该电站存在较大安全隐患。

3. 线头裸露

线头裸露主要是由剥线和压接不规范导致，严重影响运维人员的人身安全。在对汇流箱、逆变器进行检修时，误碰裸露部位会对运维人员造成致命伤害。线头裸露案例如图5-26所示。

（a）支路电缆压接不规范　　　　（b）支路电缆接头裸露　　　　（c）逆变器电缆接头裸露

图5-26　线头裸露案例图

4. 等电位连接失效

造成光伏电站等电位连接失效的主要原因包括等电位连接线脱落、压接螺母锈蚀、连接线材料不符合要求等。等电位连接失效案例图如图5-27所示。

（a）汇流箱箱体地线脱落　　　　（b）组件边框接地线连接松动　　　　（c）螺母锈蚀

图5-27　等电位连接失效案例图

5. 人员高空坠落

大部分光伏电站都将环境监测仪安装于中控室屋顶，却没有设置专门的爬梯，电站运维人员每天通过不可靠的爬梯作业存在很大的安全隐患。人员的高空坠落隐患案例图如图5-28所示。

（a）无爬梯　　　　（b）缺少防护措施　　　　（c）防护措施不合格

图5-28　人员的高空坠落隐患案例图

5.3.3 自然灾害风险隐患问题及案例

光伏电站存在多种自然灾害风险，主要包括雷电灾害、洪水灾害、暴风灾害及小动物破坏等，具体如表5-18所示。

表5-18 自然灾害风险主要因素总结表

自然风险隐患点	形 成 原 因
雷电灾害	防雷设施损坏，接地线损坏
洪水灾害	未修防洪通道
暴风灾害	支架固定不可靠
小动物破坏	地埋电缆未使用穿线管或未使用铠装电缆

1. 雷电灾害

雷电会造成电气设备过电压，导致设备损坏甚至引发火灾。为保障光伏电站设备可靠运行，防雷设施必不可少，尤其对于分布式屋顶电站及山地电站，更应考虑防雷问题。雷电过电压导致防雷模块烧毁的案例如图5-29所示。

图5-29 雷电过电压导致防雷模块烧毁的案例图

2. 洪水灾害

洪水会对汇流箱、逆变器等电气设备造成不可逆的损害，因此对于地势较低、离河道近等易发洪水地区的光伏电站，必须设置防洪堤或防洪渠，避免电站受到洪水侵袭。防洪堤或防洪渠设置案例图如图5-30所示。

（a）未设置防洪渠　　　　　　　　　　（b）设置防洪渠

图5-30 防洪堤或防洪渠设置案例图

3. 暴风灾害

暴风会对组件、支架等设备造成不可逆的物理伤害，因此光伏电站应在设计过程中充分考虑风载，避免造成较大的经济损失。暴风对光伏电站造成的灾害案例图如图5-31所示。

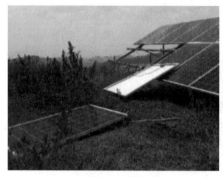 

(a) 组件吹落   (b) 支架变形

图5-31　暴风对光伏电站造成的灾害案例图

4. 小动物破坏

光伏电站电缆多采用地埋方式敷设，但部分光伏电站存在较多啮齿类小动物，这些小动物易造成光伏电站电缆的损坏，该现象将直接导致发电量的损失，同时存在安全风险。小动物破坏案例图如图5-32所示。

(a) 电缆遭小动物啃咬断裂   (b) 电缆绝缘层遭小动物破坏

图5-32　小动物破坏案例图

5.3.4　安全管理风险问题及案例

光伏电站安全管理疏漏会对电站设备及人员造成安全隐患，其主要表现为安全工器具管理不到位、两票制度执行不到位、应急预案缺失和安全标识配备不齐全4个方面。

1. 安全工器具管理不到位

完备、合格的安全工器具不仅可以有效地保证人员及财产安全，也是电站安全、稳定、高效运行的基础。光伏电站常用安全工器具配备情况的详细统计分析如表5-19和表5-20所示。

表5-19 电站常用安全工器具配备情况分析表

安全工器具名称	绝缘靴	绝缘手套	安全帽	验电器	接地线	安全带	箱变操作杆	灭火器
配备情况	96%	100%	90%	92%	92%	8%	92%	100%
校验情况	良	优	良	中	中	中	差	中
使用情况	优	优	差	良	良	差	中	中

表5-20 部分光伏电站安全工器具配备情况统计表

安全工器具名称	云南某27 MWp光伏电站	山东某10 MWp光伏电站	江苏某120 MWp光伏电站	新疆某40 MWp光伏电站二	青海某20 MWp光伏电站二
绝缘靴	有	有	有	有	有
绝缘手套	有	有	有	有	有
安全帽	有	有	有	有	有
安全带	有	有	有	有	无
验电器	有	无	有	有	无
接地线	有	无	有	有	无
箱变操作杆	有	有	有	有	无
灭火器	有	有	有	有	有

从表5-19和表5-20可以看出,部分光伏电站的安全工器具配备并不完备,且存在校验不及时和使用不熟练等问题。

2. 两票制度执行不到位

严格执行两票制度可充分保证运维人员的人身安全。图5-33所示为两座光伏电站电气第二种工作票执行情况对比图。

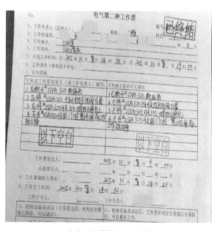
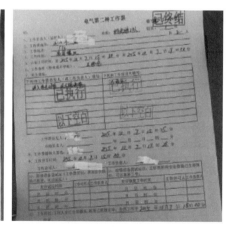

(a) 两票执行不合格　　　　　　　　(b) 两票执行合格

图5-33 两座光伏电站电气第二种工作票执行情况对比图

从图5-33可以看出两票执行不合格的光伏电站第二种工作票中缺少签发人签字,会对后期事故溯源产生严重影响。

通过对50座光伏电站两票执行情况进行统计，得出如表5-21所示的两票执行情况统计表。

表5-21　光伏电站两票执行情况统计表

项　　目	种　　类		
	电气一种工作票	电气二种工作票	倒闸操作票
执行电站数量	44	20	32
平均两票合格率	60%	52%	82%

由表5-21可知，目前光伏电站两票执行不严格，甚至部分电站存在两票制度缺失的情况。

3. 应急预案缺失

为了能够正确、有效、快速地应对各类突发事件，最大限度地减少损失，确保人身、电网和设备安全，应加强电站应急预案管理，定期进行预案演练。结合光伏电站实际情况，通过对部分电站应急预案管理执行情况进行统计分析，得到如表5-22所示的光伏电站应急预案管理调查表。

表5-22　部分光伏电站应急预案管理调查表

预　案　名　称	宁夏某20 MWp光伏电站	内蒙古某20 MWp光伏电站	河北某50 MWp光伏电站
全站失电事故预案	有	无	有
误操作事故预案	有	无	有
电站消防预案	有	无	有
电站防雷预案	有	无	无
破坏性地震预案	有	无	无
电站防汛预案	有	无	无

由表5-22可以看出，部分光伏电站应急预案缺失严重，存在较大安全隐患。

4. 安全标识配备不齐全

光伏电站中电气设备多、系统电压高，安全风险点多，因此应在整个电站存在安全隐患的部位设立醒目的安全标识牌，防止发生人员意外伤亡事故。图5-34所示为安全标识配备对比图。

（a）正确悬挂安全标识　　　　　　　　　　（b）未悬挂安全标识

图5-34　安全标识配备对比图

5. 其他安全隐患

光伏电站除上述安全隐患外，还存在如图5-35所示的一些其他方面的安全隐患。

(a) 基础不稳　　　　　　　(b) 螺栓松动　　　　　　　(c) 支架锈蚀

(d) 压块松动　　　　　　　(e) 支架倾斜　　　　　　　(f) 逆变器基础下沉

(g) 中控室插座烧毁　　　(h) 汇流箱穿线孔未做封堵　　(i) 逆变器室过高

图5-35　其他方面的安全隐患图

本部分主要列举了在线下现场发现的光伏电站的一些常见安全隐患，然而光伏电站在25年运行过程中，还可能存在人员安全意识淡薄、设备误操作、意外事故等情况。因此，电站在加强上述五类安全隐患排查的同时，还应该从设定安全生产目标、制定安全管理责任人制度、认真执行交接班制度、实行电站安全考核制度等多个方面确保电站安全稳定运行。

5.4　光伏电站现场诊断中的日常管理问题及案例

完善的日常管理制度是光伏电站稳定、有序运行的必要保障，图5-36所示为在实际的线下现场诊断过程中发现的光伏电站常见管理疏漏统计图。

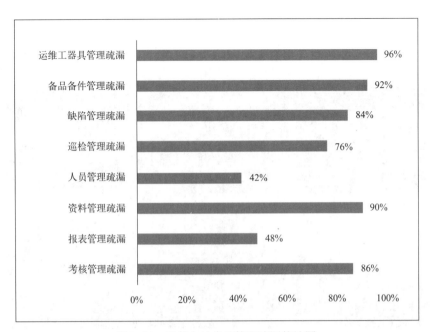

图5-36 光伏电站常见管理疏漏统计图

5.4.1 运维工具器具管理疏漏问题及案例

光伏电站运维工器具管理疏漏问题主要包括常用工器具配备不齐全及管理不到位。

光伏电站常用的运维工器具主要包括万用表、钳流表、热成像仪、IV曲线测试仪、绝缘表等,但目前各光伏电站的常用工器具配备情况参差不齐。部分光伏电站的常用运维工器具配备情况统计表如表5-23所示。

表5-23 部分光伏电站常用运维工器具配备情况调查表

常用运维工器具名称	青海某40 MWp光伏电站	河北某10 MWp光伏电站	湖北某3 MWp光伏电站	新疆某40 MWp光伏电站二	青海某20 MWp光伏电站二
万用表	有	有	有	有	有
钳流表	有	有	有	有	有
热成像仪	有	无	有	有	无
I-V曲线测试仪	有	无	无	无	无
接地电阻测试仪	有	无	无	无	无
绝缘表	有	有	有	有	有
连接器工具套装	有	无	有	无	无

光伏电站不仅需要配备齐全的运维工器具,还应从存放、借用、校准等多方面完善工器具管理。部分光伏电站工器具存放案例分别如图5-37和图5-38所示。

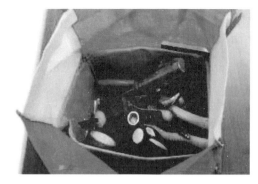

图5-37　青海某40 MWp光伏电站工器具规范存储图　　图5-38　河北某10 MWp光伏电站工器具不规范存储图

5.4.2　备品备件管理疏漏问题及案例

光伏电站备品备件管理疏漏问题主要包括备品备件配备不齐全及管理不规范。

光伏电站常用的备品备件包括组件、熔丝、连接器、防雷模块、压块等，但目前一些光伏电站的备品备件不齐全，难以保障光伏电站日常运维工作的顺利开展。部分光伏电站备品备件配备情况统计表如表5-24所示。

表5-24　部分光伏电站备品备件配备情况统计表

备品备件名称	新疆某40 MWp光伏电站二	宁夏某100 MWp光伏电站	青海某20 MWp光伏电站二	新疆某20 MWp光伏电站三	湖北某3 MWp光伏电站
组件	无	有	无	有	有
压块	有	有	无	有	有
接线盒	无	有	无	有	有
线鼻子	有	有	无	有	有
连接器	有	有	无	有	有
熔丝	有	有	无	有	有
交/直流断路器	有	有	无	有	有
接线端子	有	有	无	有	有
防水端子	无	无	无	有	有
熔断器底座	有	有	无	无	无
防雷模块	有	有	无	有	有
霍尔模块	无	无	无	无	无
汇流箱整机	有	有	无	有	有
电源模块	有	有	无	有	有
逆变器风扇	有	有	无	有	有
IGBT模块	有	有	无	有	有

光伏电站不仅需要配备齐全的备品备件，而且应从备品备件的采购、出入库、存放等方

面加强管理，做到专人专项统一管理。部分光伏电站备品备件存放情况如图5-39和图5-40所示。

图5-39　新疆某20 MWp光伏电站备件整齐有序存放图

图5-40　安徽某150 MWp光伏电站备件杂乱无序存放图

5.4.3　缺陷管理疏漏问题及案例

为保证光伏电站安全稳定运行、及时发现并处理设备缺陷，光伏电站应有一套完整的缺陷管理制度，包括缺陷等级划分、响应时间要求、缺陷详细记录等内容，最大限度减少设备故障时长，从而提高发电量。

目前，绝大多数光伏电站缺少方阵区域布置图（见图5-41），无法快速定位故障组串，降低了运维人员的工作效率。

通过如图5-41所示的汇流箱方阵布置图，运维人员发现缺陷后可通过此图迅速找到问题支路并完成消缺工作，提高工作效率。

设备缺陷消除后，需要对消缺过程进行详细记录，记录应包含故障现象、故障发生时间、故障恢复时间、故障类别、故障处理方法、故障处理人等详细信息。表5-25和表5-26所示为青海某20 MWp光伏电站和新疆某40 MWp光伏电站的设备缺陷记录。

10	9	8	7	6	5	4	3
2	1	16	15	14	13	12	11
S11-11							
10	9	8	7	6	5	4	3
2	1	16	15	14	13	12	11
S11-10							
10	9	8	7	6	5	4	3
2	1	16	15	14	13	12	11
S11-9							
10	9	8	7	6	5	4	3
2	1	16	15	14	13	12	11
S11-8							
10	9	8	7	6	5	4	3
2	1	16	15	14	13	12	11
S11-7							
10	9	8	7	6	5	4	3
2	1	16	15	14	13	12	11
S11-6							
10	9	8	7	6	5	4	3
2	1	16	15	14	13	12	11
S11-5							
10	9	8	7	6	5	4	3
2	1	16	15	14	13	12	11
S11-4							
10	9	8	7	6	5	4	3
2	1	16	15	14	13	12	11
S11-3							
10	9	8	7	6	5	4	3
2	1	16	15	14	13	12	11
S11-2							
10	9	8	7	6	5	4	3
2	1	16	15	14	13	12	11
S11-1							
10	9	8	7	6	5	4	3

图5-41　安徽某150 MWp光伏电站11区汇流箱方阵布置图

表5-25　青海某20 MWp光伏电站设备缺陷记录无等级划分

设备缺陷记录									
日　期		时　间		设备编号名称及缺陷主要内容	值班班长	缺陷发现人	发生原因及运行中采取的措施	检修意见	消除方法及消除人	消除日期及鉴定人
9	9	9	10	6#-13汇流箱电源模块故障			通信中断	更换	更换电源模块	
9	10	9	20	7#-10汇流箱测控单元故障			数据显示异常	更换	更换测控单元	

表5-26　新疆某40 MWp光伏电站设备缺陷记录内容全面

汇总	缺陷总数累计	未消除缺陷总数	工程遗留	运行遗留	一类遗留	二类遗留	三类遗留	遗留缺陷情况	本周新增	本周消除	备注			
条	174	13	6	7	0	0	13		4	1				
序号	项目名称	缺陷分类	电压等级	设备类型	间隔名称或线路名称	设备名称或杆塔号	发现时间	缺陷内容	缺陷定级	处理建议	计划完成时间	实际完成时间	处理情况简介	处理结果	责任人	缺陷来源	备注

5.4.4 巡检管理疏漏问题

巡检作为预防缺陷和发现缺陷的重要手段,对保证电站设备的正常运行、消除电站安全隐患具有十分重要的作用。

巡检管理主要包括巡检类型、巡检路线、巡检项目、巡检周期及巡检记录等。通过对50座光伏电站的巡检管理情况进行统计分析,得出如图5-42所示的光伏电站巡检管理统计图。

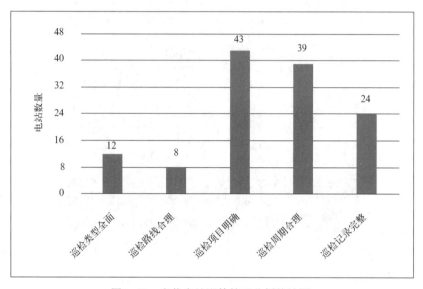

图5-42 光伏电站巡检管理分析统计图

由图5-42可以看出,目前绝大多数光伏电站存在巡检管理疏漏问题,主要表现为巡检路线不合理、巡检记录不完整、巡检类型不全面等问题,无法有效开展预防性维护工作。

5.4.5 人员管理疏漏问题及案例

人员管理疏漏主要包括人员配置不合理及缺少必要人员培训两方面。

光伏电站人员配置应充分考虑电站容量、电站类型等因素,通过对部分电站人员配置情况进行汇总分析,得到电站人员配置统计表,如表5-27所示。

表5-27 部分光伏电站人员配置表

电站名称	电站类型	人员配置情况	是否合理
湖北某3 MWp光伏电站	分布式电站	站长1人、值班员2人	合理
江苏某120 MWp光伏电站	渔光互补电站	站长1人、专工1人、值班员8人	合理
山东某10 MWp光伏电站	分布式电站	值长1人、值班员2人	不合理
云南某27 MWp光伏电站	山地电站	经理1人、值班员5人	不合理
青海某40 MWp光伏电站	地面集中式电站	站长1人、安全生产主管1人、值长2人、副值2人、值班员4人	合理

另外,光伏电站运维人员技能水平参差不齐,因此应组织多种形式的培训活动,不断提升运维人员的专业技能水平。光伏电站主要培训内容包括电力安全规程、设备基本知识和工

器具使用等。对部分光伏电站培训情况进行统计分析，得到如表5-28所示的部分光伏电站主要培训内容。

表5-28　部分光伏电站主要培训内容

培训内容	青海某20 MWp光伏电站	新疆某20 MWp光伏电站	新疆某20 MWp光伏电站	河北某10 MWp光伏电站	云南某30 MWp光伏电站
光伏发电原理	有	有	有	有	有
电力安全规程	有	有	有	有	有
电网调度规程	有	有	有	有	有
两票三制	无	有	有	有	无
应急管理制度	有	有	有	有	有
工器具使用	无	有	有	无	有
运行规程	有	有	有	有	有
设备操作	有	有	有	无	无

通过表5-28及现场诊断发现，人员培训全面的电站整体运维状况较好，而缺少一些必要培训的电站运维过程中存在操作安全隐患及消缺率低等情况。

5.4.6　资料管理疏漏问题及案例

光伏电站资料管理疏漏主要包括资料种类不齐全及资料存档不合理两方面。

光伏电站应存有设计资料、基建文件、设备技术性文件和工程验收文件。通过对部分光伏电站主要资料完整度进行检查分析，得到如表5-29所示的光伏电站主要资料完整性统计表。

表5-29　部分光伏电站主要资料完整性统计表

资料名称	内蒙古某20 MWp光伏电站	新疆某40 MWp光伏电站一	宁夏某100 MWp光伏电站	青海某20 MWp光伏电站二	山东某10 MWp光伏电站
可研报告	无	有	无	有	无
光伏电站平面布置图	有	有	有	有	有
光伏方阵设计及组件排布图	有	有	有	有	有
交直流电缆走向图	有	有	有	有	有
监控系统方案	有	有	无	无	有
基建设计图纸	有	有	有	有	无
设备技术文件	有	有	无	有	有
竣工验收文件	有	有	有	有	无

光伏电站不仅需要有完整的资料存档，还应从资料存放、借阅、分类、更新等方面加强资料管理。部分光伏电站资料存放示意图分别如图5-43和图5-44所示。

图5-43　内蒙古某20 MWp光伏电站资料整齐有序存放图

图5-44　山东某10 MWp光伏电站资料随意堆放存放图

5.4.7　报表管理疏漏问题及案例

报表管理疏漏问题主要包括报表内容不齐全及查阅不方便两方面。

光伏电站的报表内容主要包括太阳能资源指标、电量指标、能耗指标和设备运行指标等，这些内容能够反映电站的运行状态。图5-45所示为湖北某3 MWp光伏电站报表，其内容单一，不能满足电站运维需求。

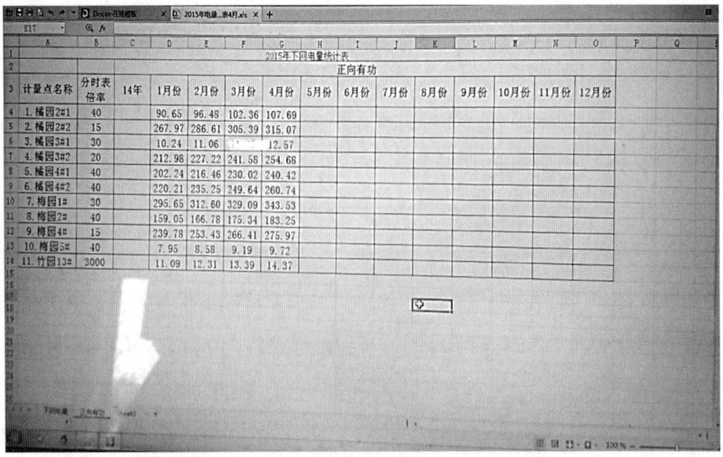

图5-45　湖北某3 MWp光伏电站内容单一报表图

另外，目前很多光伏电站使用纸质化报表，这种报表不易保存，且不利于数据的二次分析，难以快速查阅审核。

5.4.8 考核管理疏漏问题及案例

光伏电站考核管理疏漏问题主要是考核指标单一，不能客观评价电站整体性能及运维人员作业成效。新疆某20 MWp光伏电站主要以发电量作为考核指标，但因限电因素，导致不能实现考核目的。

光伏电站考核管理主要可分为集团公司对电站的考核和电站对运维人员的考核两种。电站应结合自身实际情况制定多样化的考核标准，最大限度地调动运维人员的工作积极性，提高电站收益。对不同类型的应用场景应因地制宜地制定出考核指标，如表5-30所示。

表5-30　光伏电站主要考核指标

考核指标	适用范围	考核对象
发电量	不限电地区光伏电站	电站
系统效率	所有类型的光伏电站	电站
故障消缺率	所有类型的光伏电站	电站、班组
计划完成率	所有类型的光伏电站	电站
两票合格率	所有类型的光伏电站	电站、班组
设备故障响应时长	所有类型的光伏电站	电站、班组
安全生产管理	所有类型的光伏电站	电站
个人消缺占比	所有类型的光伏电站	运维人员
出勤率	所有类型的光伏电站	运维人员

5.5　现场诊断提升光伏电站发电量的案例

本节以湖北的一个3 MWp的分布式光伏电站为例，详细阐述通过线下现场诊断来提升该电站的发电量的方法。该3 MWp分布式光伏电站于2014年3月并网投运，位于某小区的屋顶及绿化用地上，电站支架类型多，周边环境复杂。

5.5.1　发电量损失分析

1. 组件衰减分析

通过现场随机抽取5块光伏组件进行衰减测试，得到的测试结果如表5-31所示。

表5-31　组件衰减测试数据表

组串/组件位置	辐照度/(W/m²)	组件温度/℃	STC功率/W	标称功率/W	功率衰减	备注
Z 02-02-15	899	44.60	190.60	240	20.6%	清洗后
Z 02-03-10	727	48.75	183.92	240	23.4%	清洗后

组串/组件位置	辐照度/(W/m²)	组件温度/℃	STC功率/W	标称功率/W	功率衰减	备注
Z 02-04-09-东9	803	48.11	194.03	240	19.2%	清洗后
Z 02-04-09-东10	778	38.66	207.57	240	13.5%	清洗后

由表5-31可以看出，组件衰减在13.5%以上，衰减比例较大。

2. 灰尘遮挡分析

通过现场抽取38条具有代表性的汇流箱支路进行现场检测诊断发现，该电站存在较多支路电流偏低现象，具体的检测数据如表5-32所示，其主要原因是灰尘及阴影遮挡严重，阴影遮挡情况如图5-46所示。

表5-32　湖北某3 MWp光伏电站电流偏低支路列表

汇流箱	支路	实测数据	原因
Z 02-06	8	实测电流4.2 A，其余支路6 A	灰尘遮挡严重
Z 02-04	7	实测电流4.6 A，其余支路6.2 A	灰尘遮挡严重
Z 02-03	1-8	实测电流3.0 A，其余支路5.8 A	灰尘遮挡严重
	9	实测电流3.2 A，其余支路5.8 A	灰尘遮挡严重
	10	实测电流3.1 A，其余支路5.7 A	灰尘遮挡严重
	11-16	实测电流2.9 A，其余支路5.8 A	灰尘遮挡严重
Z 02-02	1-14	实测电流3.2 A，其余支路5.8 A	灰尘遮挡严重
Z 03-06	15	实测电流1.0，其余支路3.9 A	树木、灰尘遮挡
Z 03-07	14	实测电流3.0 A，其余4.4 A	鸟粪遮挡
	16	实测电流3.4 A，其余4.4 A	电杆、灰尘遮挡
Z 04-03	1	实测电流0.7 A，其余3.8 A	树木、灰尘遮挡
	2	实测电流0.8 A，其余3.8 A	
	15	实测电流0.8 A，其余3.8 A	

图5-46　湖北某3 MWp光伏电站灰尘及阴影遮挡图

为进一步衡量灰尘遮挡对该电站造成的发电量损失，通过对该电站不同位置的组件进行清洗前后输出功率的对比测试，得到的具体结果如表5-33所示。

如表5-33所示，该电站因灰尘遮挡造成的损失巨大，因此需要进行合理的组件清洗，以保障最佳的发电能力。

表5-33　清洗前后支路性能对比

检 测 对 象	状　　态	组件温度/℃	辐射强度/(W/m²)	STC功率/W	遮 挡 损 失
Z 02-02-15支路	清洗前	47.98	740.00	109.92	42.5%
	清洗后	44.60	899.00	190.60	
商业街屋顶东上1组件	清洗前	42.28	824.00	180.61	13.4%
	清洗后	39.67	837.00	208.5	

5.5.2　安全隐患分析

湖北该3 MWp光伏电站安全隐患主要包括安全用品不齐全及组件热斑现象严重。

1. 安全用品检查

安全用品主要包括灭火器、安全标识、绝缘靴等。完备的安全用品，不仅可以有效地保证电站稳定、安全、高效地运行，还可以保证人员及财产安全。通过对湖北该3 MWp光伏电站安全用品进行检查，发现该电站缺少部分必要的安全用品。具体检查结果如表5-34所示。

表5-34　安全用品检查结果表

序　　号	物 资 名 称	是 否 备 有	是 否 齐 全	缺失是否影响电站安全
1	绝缘手套	有	是	是
2	工作服	有	是	是
3	踏步梯	有	是	是
4	绝缘靴	有	是	是
5	安全带	无	否	是
6	灭火器	有	是	是
7	消防沙	有	是	是
8	安全帽	有	是	是

2. 组件热斑分析

该电站采用人工清洗方式除尘，但因积灰较厚且现场水压达不到要求，导致清洗效果不佳，部分区域出现灰尘堆积，形成热斑，如图5-47所示。

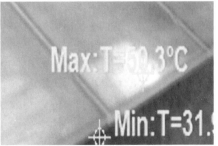

图5-47　湖北某3 MWp组件灰尘堆积形成的热斑图

通过随机抽取了29条支路共580块组件进行了热斑检查，得到的检查结果如表5-35所示。

表5-35　湖北某3 MWp光伏电站组件热斑检测结果表

序　号	支　　路	抽检数量	热斑数量	序　号	支　　路	抽检数量	热斑数量
1	Z 01-06-2	20	2	16	Z 03-02-3	20	1
2	Z 01-06-5	20	1	17	Z 03-02-4	20	4
3	Z 01-06--10	20	3	18	Z 03-02-6	20	2
4	Z 01-06--1	20	2	19	Z 03-02-8	20	0
5	Z 02-03-5	20	4	20	Z 03-02-9	20	1
6	Z 02-03-9	20	2	21	Z 03-02-10	20	2
7	Z 02-03-12	20	3	22	Z 03-02-13	20	3
8	Z 02-03-13	20	2	23	Z 04-03-5	20	1
9	Z 02-03-15	20	1	24	Z 04-03-6	20	2
10	Z 03-07-1	20	2	25	Z 04-03-8	20	1
11	Z 03-07-5	20	1	26	Z 04-03-10	20	2
12	Z 03-07-10	20	3	27	Z 04-03-11	20	3
13	Z 03-07-14	20	2	28	Z 04-03-12	20	2
14	Z 03-07-15	20	3	29	Z 04-03-13	20	2
15	Z 03-02-1	20	2				
抽检组件数量		580		热斑组件数量		59	

由表5-35可以看出，在580块被测组件中，热斑组件共59块，占抽取总数的10.17%，而很大一部分热斑是由组件表面灰尘遮挡造成，存在严重安全隐患。

3. 安全标识分析

湖北该3 MWp光伏电站距316国道很近，并且部分组件安装在居民楼屋顶，附近居民对光伏电站存在的危险源和注意事项缺少认识，因此醒目易辨认的标识牌非常重要。湖北该3 MWp光伏电站存在明显的安全标识缺失，具体如图5-48所示。

图5-48　屋顶光伏系统爬梯处无标识示意图

对于图5-48所示的位置，至少应贴有"当心屋顶光伏系统"、"禁止攀登"和"当心坠落"等标识。

5.5.3 管理制度分析

湖北该3 MWp光伏电站管理制度相对完善，但仍存在部分管理疏漏问题。

1. 工器具管理问题分析

完整的工器具配备，是光伏电站运维工作正常开展的基础。通过对湖北该3 MWp光伏电站的常用工器具配备情况进行检查，得到具体的检查结果，如表5-36所示。

表5-36　工器具配备情况检查表

工器具名称	是否备有	是否满足运维需求
绝缘电阻测试仪	有	满足
接地电阻测试仪	有	满足
热成像仪	有	满足
I-V曲线测试仪	无	—
连接器压接套装	无	—
连接器扳手	有	不满足，无法与连接器插头完全匹配
万用表	有	满足
钳流表	有	不满足，只有一个可测量直流电流，且钳口过大，不易使用

2. 资料管理分析

通过对湖北该3 MWp光伏电站现场资料进行检查，发现部分文件缺失，对运维工作有一定影响，具体的检查结果如表5-37所示。

表5-37　部分资料存档检查表

资料名称	是否存档	缺失造成影响
可行性研究报告	是	—
光伏电站平面布置总图	是	—
光伏方阵设计及组件排布图	无	无法快速定位问题组串
交直流电缆走向图	无	线缆故障排查不便
所有电气设备安装节点详图	有	
监控系统方案	无	监控系统升级改造不便
无线通信装置配备方案	无	后期通信故障维修不便

3. 巡检管理问题分析

通过对湖北该3 MWp光伏电站巡检管理进行调查分析，得到如表5-38所示的巡检管理检查表。

第5章　现场诊断中的光伏电站问题及案例

表5-38 巡检管理检查表

巡检管理检查表	
巡检周期	一个季度全部巡检一次
巡检类别	无明确类别划分
巡检路线	未制定巡检路线
巡检项目	无明确巡检项目
巡检工具	巡检过程未使用工具
巡检记录	无巡检记录

4. 可提升收益分析

2015年7月，湖北该3 MWp光伏电站地面2 MWp区域总发电量为239 701.2 kWh。排除组件自身衰减、阴影遮挡、设备故障的因素，仅考虑灰尘遮挡的影响，若及时有效清洗，至少可提升20%的发电量，即2015年7月份至少可增加发电量47 940.24 kWh。结合该电站电价及清洗成本进行估算，每月可增加约4万元的收益。

习　题

1. 光伏电站的运维存在着哪些方面的重点和难点？
2. 在实际的光伏电站运行过程中，光伏电站设备主要存在哪些方面的问题？
3. 光伏电站常见的安全隐患有哪些？
4. 光伏电站日常安全疏漏主要表现在哪些方面？
5. 请列举和分享几个光伏电站提升发电量的案例。

第6章

→ 光伏电站远程诊断问题及案例

学习目标

- 掌握光伏电站远程诊断问题的现状。
- 掌握通过光伏电站智能化监控系统进行远程诊断的方法。
- 掌握光伏电站远程诊断中数据和曲线的分析方法。
- 掌握光伏电站远程诊断中出现的主要设备问题案例。
- 掌握通过光伏电站远程诊断提升发电量的方法。

远程诊断是光伏电站O2O运维模式这一专业运维理念中线上运维的重要手段，本章从位于新疆、青海、内蒙古、河北、陕西、云南、湖北等地的12座典型光伏电站的线上运维的现状分析入手，总结、归纳出了有关光伏电站远程诊断中发现的主要设备问题和提升发电量的典型案例及分析，以供光伏电站实际运维时作为参考。

6.1 光伏电站远程诊断中的主要设备问题及案例

在光伏电站的远程诊断分析中发现的主要问题是设备故障问题，而设备故障问题主要表现为光伏组件和汇流箱的故障率较高，因该类故障主要集中于方阵区域并且通过传统运维模式不易被发现，需通过基于大数据分析和智能化系统应用为基础的"O2O运维模式"准确定位并快速完成消缺，才能提高运维工作效率。

通过对位于新疆、青海、内蒙古、河北、陕西、云南、湖北等地的12座典型光伏电站进行不间断的远程诊断分析，发现缺陷945条，其设备故障频次统计如图6-1所示。

从图6-1中可以看出，汇流箱故障和组件故障属于光伏电站的高发故障，占比分别达57.67%和32.28%。因此，光伏电站运维人员应在保障交流区设备稳定运行的基础上，加强对电站直流区设备的运行监控和故障消缺。

6.1.1 远程诊断中组件常见问题及案例

光伏电站中光伏组件的数量较多，故障率较高，在光伏电站的远程诊断中发现的光伏组件的常见问题主要有组件遮挡问题、组件长时间遮挡导致的热斑问题及组件破损等问题。通过对12座典型光伏电站的远程诊断分析发现组件热斑问题占比达到29.84%，组件遮挡问题占比达到29.84%，组件破损问题占比达到27.54%，远程诊断中组件问题占比图如图6-2所示。

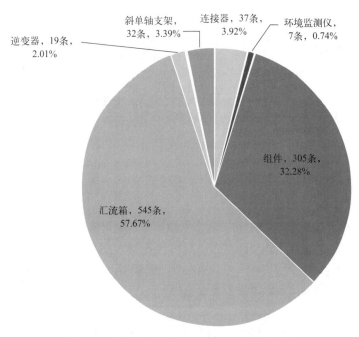

图6-1　光伏电站远程诊断中设备故障统计图

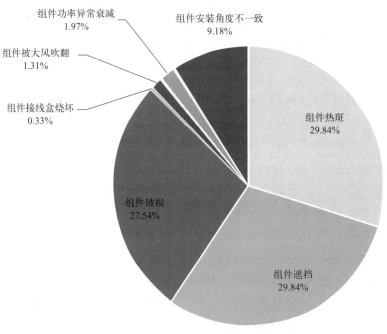

图6-2　远程诊断中组件问题占比统计图

1. 组件热斑问题案例

在远程诊断的电站中，有三分之一的电站存在不同程度的组件热斑现象，共发现组件热斑缺陷91条，占组件常见缺陷的29.84%。组件长时间的热斑会对组件造成封装材料退化、焊点融化、局部烧毁等永久性损坏，严重热斑会引起组件性能下降（输出功率降低）或引发安全问题。远程诊断组件热斑与现场图如图6-3和图6-4所示。

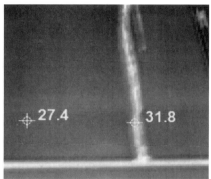

图6-3　远程诊断组件由鸟类引起的热斑图及现场图

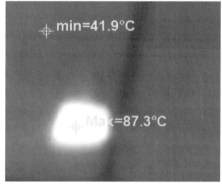

图6-4　远程诊断中组件由杂草引起的热斑图及现场图

在远程诊断过程中，组件热斑在线上数据分析时表现为支路电流持续偏低，例如宁夏某60 MWp光伏电站存在固定时间段内支路电流持续偏低，经现场查看，组件存在热斑现象，其具体的数据表征如图6-5所示。

图6-5　宁夏某60 MWp光伏电站组件热斑数据表征图

2. 组件遮挡问题案例

光伏电站因所处环境不同，所产生的遮挡现象也相对各异。远程诊断的电站中有一半存在杂草遮挡、鸟粪遮挡、电线杆遮挡、灰尘遮挡、组件前后排阴影遮挡等现象，导致较多汇流箱支路存在支路电流偏低现象，直接影响电站的发电量。12座光伏电站通过远程诊断中共发现组件遮挡类缺陷91条，占组件常见缺陷的29.84%。远程诊断中出现的组件遮挡现场图如图6-6所示。

(a) 电线杆遮挡 (b) 杂草遮挡

(c) 组件前后排遮挡 (d) 鸟粪遮挡

图6-6　远程诊断中组件遮挡现场图

在远程诊断过程中，组件遮挡在线上数据分析时表现为支路电流持续偏低或固定时间段内偏低，例如河北某30 MWp光伏电站存在较多支路电流持续偏低，经现场查看为组件上方电线遮挡，暂时无法解决；河北某20 MWp光伏电站存在固定时间段组串功率偏低，现场查看为灌木遮挡所致，经处理后功率恢复正常，如图6-7所示。

图6-7中的河北某30 MWp的光伏电站中的第16路的汇流箱由于支路光伏组件被电线遮挡导致在中午12点时的电流为5.9 A，而没有被电线遮挡的支路电流达到8 A左右。

3. 组件破损问题案例

组件破损问题是光伏电站运维中比较常见的问题之一，会导致所属组串的输出电流偏低。通过对20座光伏电站进行远程诊断，发现有41.67%的电站存在该类问题。支路中破碎一块组件，会将整条支路的输出功率拉低5%左右，可见组件破损对光伏电站的发电量影响较大。组件破损现场图如图6-8所示。

在远程诊断过程中，组件破碎通过线上数据分析为支路电流持续偏低或过低，例如新疆某40 MWp光伏电站薄膜组件区存在较多支路电流偏低是由组件破碎导致，具体的数据表征如图6-9所示。

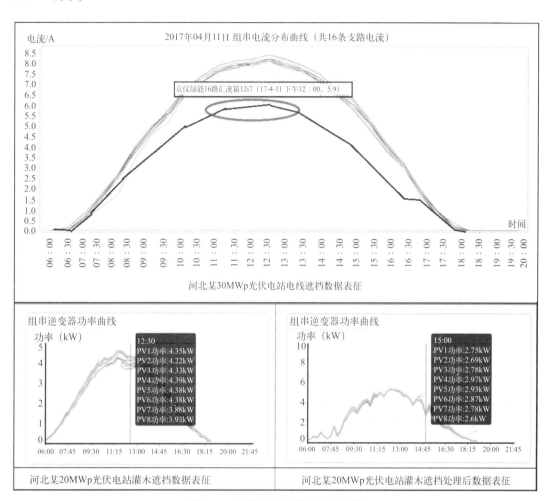

河北某30MWp光伏电站电线遮挡数据表征

河北某20MWp光伏电站灌木遮挡数据表征 | 河北某20MWp光伏电站灌木遮挡处理后数据表征

图6-7　组件遮挡远程诊断表征图

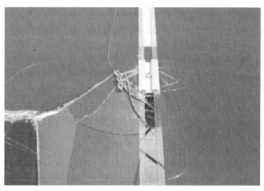

图6-8　组件破损现场图

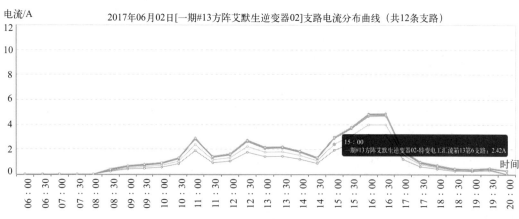

图6-9 新疆某40 MWp光伏电站薄膜组件破碎数据表征图

4. 组件安装角度不一致问题案例

组件安装倾角不一致会产生"木桶效应"，直接导致支路间接收到的辐射量不同，进而引起支路电流的偏差，造成电量损失。通过对20座光伏电站的远程诊断，发现有16.67%光伏电站存在组件安装倾角不一致的现象，导致有较多支路电流偏低。此类缺陷属于电站固有缺陷（一般由施工不到位所造成），无法通过日常运维工作予以消缺。由此可见，电站建设质量对后期电站运行的影响较大，前期的施工建设所造成的问题都将在后期运维过程中显现出来，影响电站整体发电量。

在远程诊断过程中，组件安装倾角不一致通过线上数据分析为支路电流偏低，例如河北某20 MWp光伏电站存在典型固定时间段内某支路功率曲线与其他支路趋势不一致，经现场查看是由于组件安装倾角不一致所致。组件安装角度不一致对应的表征图如图6-10所示。

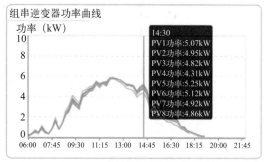

(a) 组件安装角度不一致现场图　　　　　　(b) 组件安装角度不一致数据表征图

图6-10 河北某20 MWp光伏电站组件安装角度不一致现场及数据表征图

6.1.2 斜单轴支架常见问题及案例

斜单轴跟踪系统能大幅增加组件表面所接收到的太阳辐射能量，提升发电量，其在光伏电站中的应用也越来越多，但与固定式支架安装方式相比，斜单轴跟踪系统的故障率相对偏高。在远程诊断过程中，新疆某40 MWp光伏电站的斜单轴跟踪方阵区发生较多电机故障、传动故障、减速器故障等问题，造成跟踪装置不能正常跟踪，其在线上数据分析时表现为支路电流偏低。斜单轴支架跟踪图如图6-11所示，远程诊断系统中具体的数据表征如图6-12所示。

图6-11　斜单轴支架跟踪图

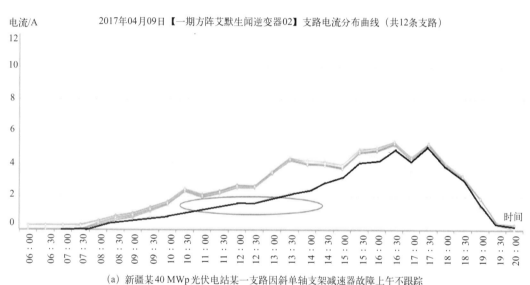

（a）新疆某40 MWp光伏电站某一支路因斜单轴支架减速器故障上午不跟踪

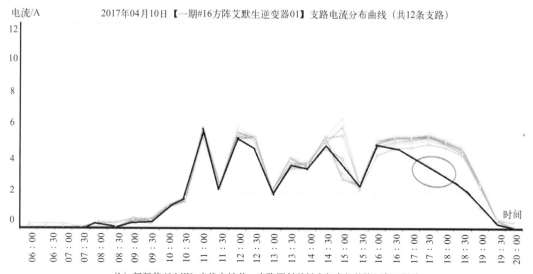

（b）新疆某40 MWp光伏电站某一支路因斜单轴支架电机故障下午不跟踪

图6-12　斜单轴支架常见问题数据表征图

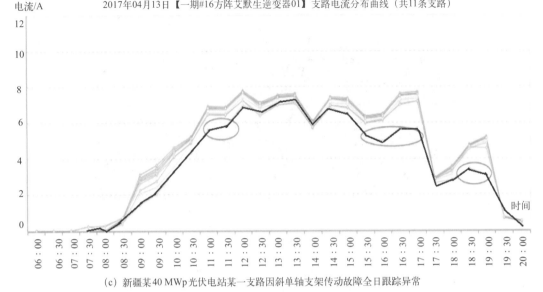

2017年04月13日【一期#16方阵艾默生逆变器01】支路电流分布曲线（共11条支路）

（c）新疆某40 MWp光伏电站某一支路因斜单轴支架传动故障全日跟踪异常

图6-12 斜单轴支架常见问题数据表征图（续）

6.1.3 连接器常见问题及案例

连接器是光伏电站中数量最多的元件，1 MWp光伏电站约需要4 200套连接器，而每一个不可靠的连接都有可能成为安全隐患点。连接器的材料质量差、不同型号连接器互插、不规范安装等都可能造成异常发热，并最终导致连接器烧毁。某一支路中任意一个连接器插头烧毁都会导致该支路电流为零，若电站运维人员不能及时发现，将会造成电量持久损失。通过对12座光伏电站的远程诊断，发现有37条支路因连接器插头烧毁导致支路电流为零的缺陷，占设备常见故障的3.92%。组件连接器常见问题如图6-13所示。

（a）组件连接器紧扣损坏

（b）组件连接器烧毁

（c）组件连接器脱扣

（d）组件连接器不同品牌互插

图6-13 组件连接器常见问题图

在远程诊断过程中，连接器烧毁在线上数据分析时表现为支路电流为零，例如甘肃某30 MWp光伏电站发现较多的支路电流为零是连接器烧毁导致，具体的数据表征如图6-14所示。

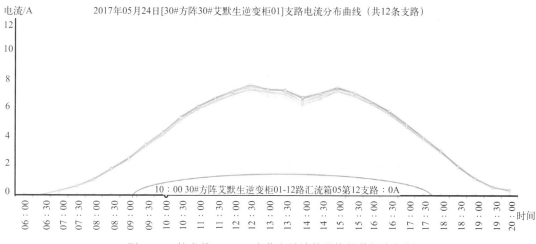

图6-14　甘肃某30 MWp光伏电站连接器烧毁数据表征图

6.1.4　汇流箱常见问题及案例

汇流箱是光伏电站中重要的汇流设备，汇流箱在远程诊断中发现有数据采集模块异常、汇流箱支路保险烧毁、通信异常等问题，通过对12座光伏电站的远程诊断，发现汇流箱故障问题统计如图6-15所示。

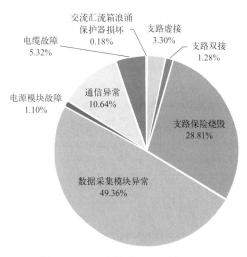

图6-15　汇流箱常见问题统计图

1. 汇流箱数据采集模块异常问题及案例

准确的数据采集对于分析汇流箱的实际运行状态尤为重要。在远程诊断过程中发现光伏电站存在汇流箱采集模块未调零、采集模块系数设置不合理、采集模块故障等一系列问题，导致采集到的汇流箱支路电流异常偏高、偏低、恒值或为零。如图6-16所示，汇流箱数据采

161

集模块采集到的数据偏差较大，比实测的电流低 1.1 A。

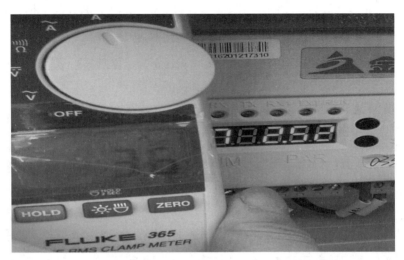

图6-16　汇流箱采集模块显示数据异常图（偏差超过1 A）

在远程诊断过程中，汇流箱数据采集模块异常问题典型的数据表征如图6-17所示。

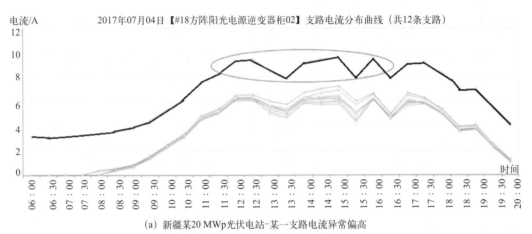

（a）新疆某20 MWp光伏电站-某一支路电流异常偏高

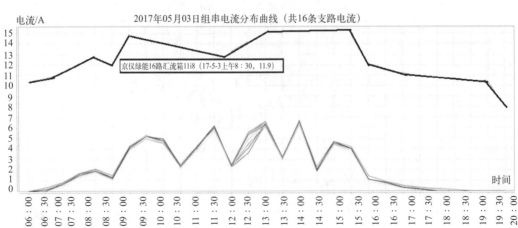

（b）河北某30 MWp光伏电站某一支路电流异常偏高

图6-17　汇流箱采集模块异常问题数据表征图

（c）河北某30 MWp光伏电站某一支路电流全天为2.6A

图6-17　汇流箱采集模块异常问题数据表征图（续）

2. 汇流箱通信问题及案例

稳定的通信是保障智能化系统和大数据分析手段得以应用的基本前提。通信故障虽不会直接影响发电量，但若不及时处理，通信异常支路发生故障时运维人员便不能及时发现、及时消缺，不但会造成发电量损失，且存在安全隐患。汇流箱通信问题案例图如图6-18所示。

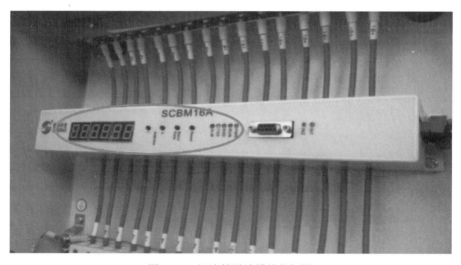

图6-18　汇流箱通读模块损坏图

在远程诊断过程中，汇流箱通信异常典型的数据表征如图6-19所示。

3. 汇流箱支路保险烧毁问题及案例

支路保险在光伏电站中的使用仅次于连接器的元件，按照一条支路配备两个熔断器来计算，一个30 MWp光伏电站大约有6 000条支路，需要配备12 000个熔丝。支路保险烧毁是造成电站发电量损失的主要因素之一。汇流箱支路保险烧毁案例图如图6-20所示。

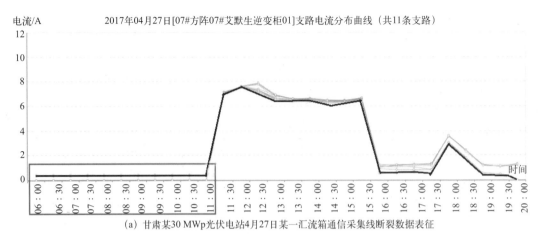

(a) 甘肃某30 MWp光伏电站4月27日某一汇流箱通信采集线断裂数据表征

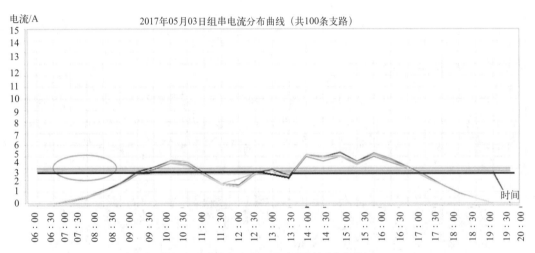

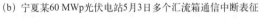

(b) 宁夏某60 MWp光伏电站5月3日多个汇流箱通信中断表征

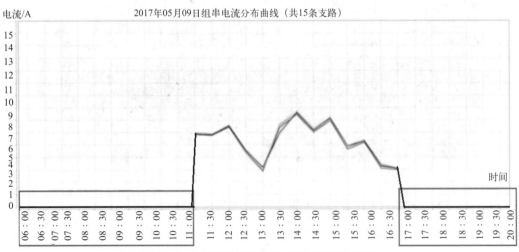

(c) 青海某20 MWp光伏电站5月9日某一汇流箱通信断时表征

图6-19　汇流箱通信异常数据表征图

（a）汇流箱内支路保险击穿　　　　　　　　　　　　（b）汇流箱内支路保险烧毁

图6-20　汇流箱支路保险烧毁案例图

在远程诊断过程中，汇流箱支路保险烧毁在线上数据分析时表现为支路电流为零，其典型的数据表征如图6-21所示。

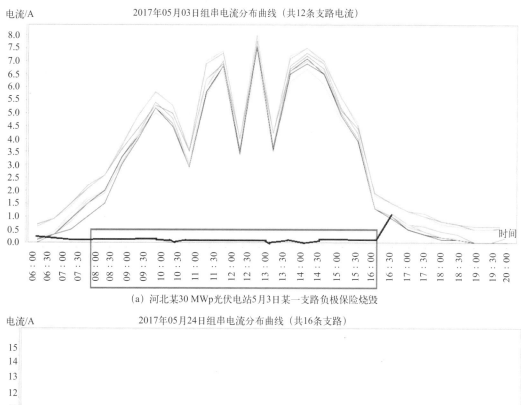

（a）河北某30 MWp光伏电站5月3日某一支路负极保险烧毁

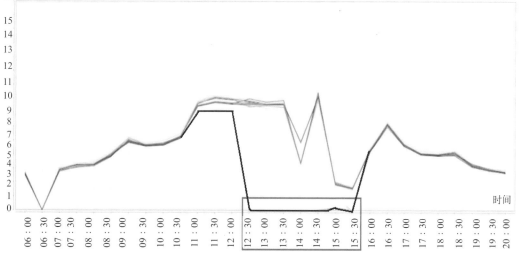

（b）青海某20 MWp光伏电站5月24日某一支路正极保险烧毁

图6-21　支路保险烧毁数据表征图

4. 电缆故障问题及案例

因前期施工质量较差，在电站后续运行过程中易导致较多的组件至汇流箱电缆断裂和汇流箱输出直流电缆断裂或接地等故障。由于地面光伏电站中的电缆一般都采用地埋方式铺设，在远程诊断过程中，部分电站所在地区由于土壤未解冻，导致电缆断裂问题长时间不能解决处理，造成发电量持续损失。电缆断裂案例图如图6-22所示。

（a）组件至汇流箱电缆断裂

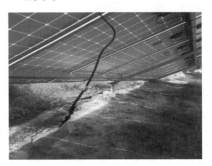

（b）组件背板电缆断裂

图6-22 电缆故障现场案例图

在远程诊断过程中，电缆断裂或接地等故障在线上数据分析时表现为汇流箱支路电流为零，其典型的数据表征如图6-23所示。

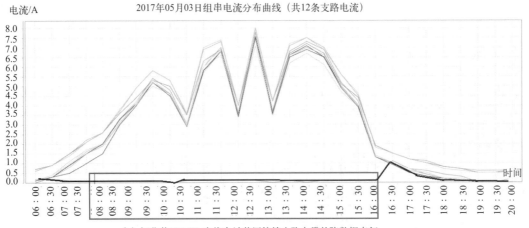

（a）河北某30 MWp光伏电站某汇流箱支路电缆故障数据表征

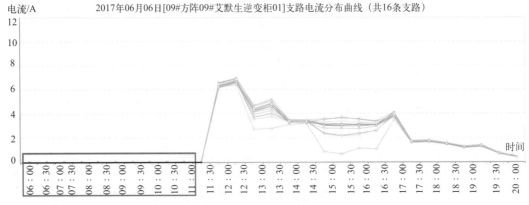

（b）甘肃某30 MWp光伏电站某汇流箱输出直流电缆接地数据表征

图6-23 电缆故障数据表征图

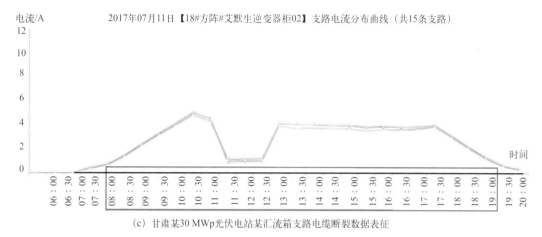

2017年07月11日【18#方阵#艾默生逆变器柜02】支路电流分布曲线（共15条支路）

（c）甘肃某30 MWp光伏电站某汇流箱支路电缆断裂数据表征

图6-23　电缆故障数据表征图（续）

5. 汇流箱浪涌保护器损坏问题及故障

浪涌保护器又称避雷器，用于间接雷电和直接雷电影响或对其他瞬时过压的电涌进行保护。远程诊断过程发现，浙江某45 MWp光伏电站的交流汇流箱浪涌保护器损坏，但该电站未配备浪涌保护器备件，从而导致该交流汇流箱下的6台组串式逆变器较长时间均处于停机状态，发电量损失严重，其数据表征如图6-24所示。

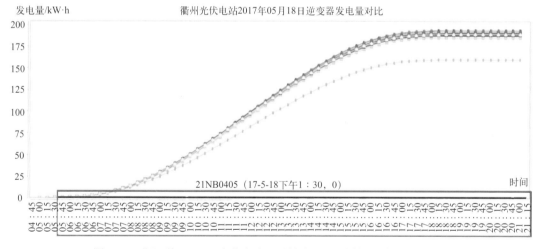

衢州光伏电站2017年05月18日逆变器发电量对比

图6-24　浙江某45 MWp光伏电站21号箱变4号汇流箱下6台逆变器停机

6. 支路虚接问题及案例

在远程诊断过程中发现汇流箱支路存在虚接现象。支路虚接会造成支路电流偏低或为零，影响光伏电站的发电量。汇流箱支路虚接现象的案例图如图6-25所示。

新疆某40 MWp光伏电站中部分支路虚接数据表征如图6-26所示。

(a) 汇流箱内支路虚接

(b) 汇流箱内支路虚接导致发热烧黑

(c) 接线盒内汇流线虚接（一）

(d) 接线盒内汇流线虚接（二）

图6-25　汇流箱支路虚接问题案例图

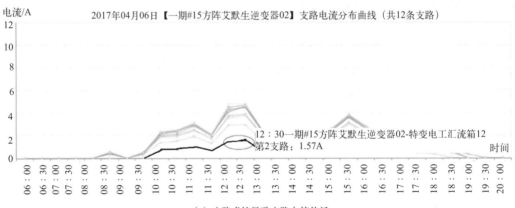

(a) 支路虚接导致支路电流偏低

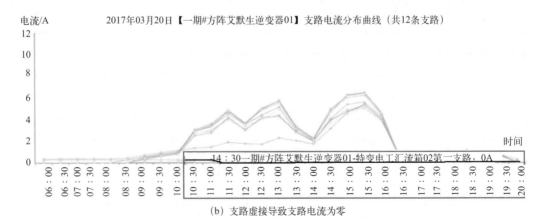

(b) 支路虚接导致支路电流为零

图6-26　新疆某40 MWp光伏电站部分支路虚接数据表征图

7. 支路双接问题及案例

支路为双接即两条支路共用一个汇流箱接线端子，支路双接后，电流偏大易造成熔丝频繁烧毁，甚至会引发火灾事故。支路双接问题案例图如图6-27所示。

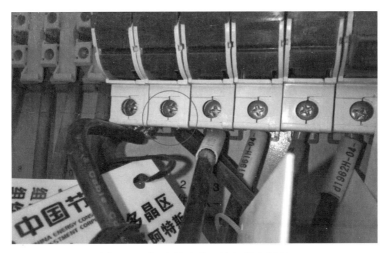

图6-27　汇流箱支路双接问题案例图

图6-27为新疆某40 MWp光伏电站一期#03方阵艾默生逆变器02的11#汇流箱第7条支路和第9条支路均为支路双接，其数据表征如图6-28所示。从图6-28中可以看出，支路双接电流大约为正常支路电流的两倍，而一般情况下，支路熔断器的选用标准为组件短路电流的1.56倍，小于支路双接的电流，故容易发生熔丝频繁烧毁故障。

图6-28　汇流箱支路双接问题的线上表征图

这两条支路在远程诊断过程中，有20天出现熔丝烧毁故障，熔丝烧毁较为频繁，其数据表征如图6-29所示。

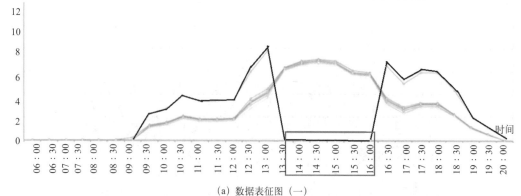

(a) 数据表征图（一）

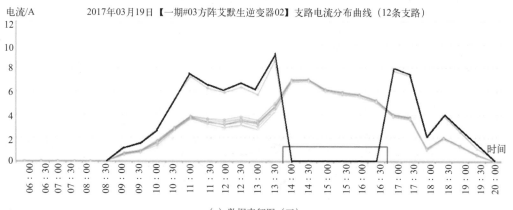

(b) 数据表征图（二）

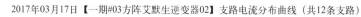

(c) 数据表征图（三）

图6-29　汇流箱支路双接熔丝频繁烧毁数据表征图

因此，对于支路双接问题，应将"双接"支路分拆开，接入到备用支路上。

8. 电源模块故障问题及案例

电源模块为汇流箱内监控模块提供电源，当电源模块出现故障后，将无法监控整个汇流箱里的支路电流，使得整个线上监控系统无法获得支路电流的信息；当支路发生故障时无法进行故障定位，从而造成电量损失，并且还易造成安全隐患。汇流箱电源模块故障的典型数据表征如图6-30所示。

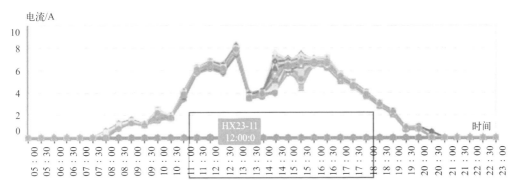

图6-30 新疆某20MWp光伏电站某一汇流箱因电源模块故障采集到的所有支路电流为零

6.1.5 逆变器常见问题及案例

逆变器对光伏电站发电量的多少起决定性作用,它是整个光伏系统中的"大脑",逆变器的运行水平对光伏系统PR值、LCOE影响都非常大。逆变器常见的有通信故障,交、直流侧接头烧坏,主控板损坏,逆变器过载等问题,其各类问题的占比如图6-31所示。

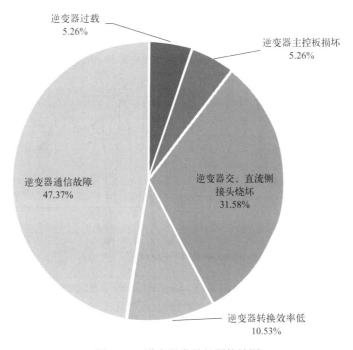

图6-31 逆变器常见问题统计图

1. 逆变器交、直流侧接头烧坏问题及案例

逆变器的交、直流侧接头烧坏会导致组串电流为0或整个逆变器输出功率为0,具体如图6-32所示。

图6-32　逆变器连接头烧坏

2. 逆变器过载问题及案例

逆变器过载会使得逆变器交流侧断路器过载保护动作，引发断路器间歇性跳闸从而导致逆变器间歇性停运，在远程诊断中发现的逆变器过载问题的案例表征图如图6-33所示。

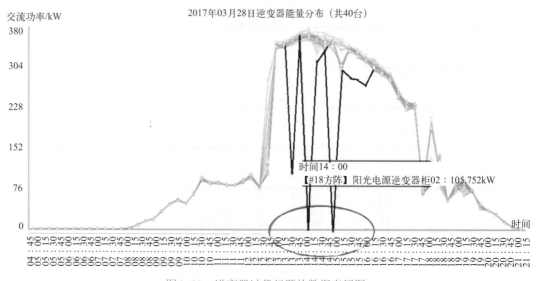

图6-33　逆变器过载问题的数据表征图

对于此类问题，可在不影响该逆变器并网发电的情况下，断开一个汇流箱直流断路器，使该逆变器能够正常并网发电，并及时联系设备厂家，更换交流断路器。

3. 逆变器主控板损坏问题及案例

逆变器的主控板损坏会导致整个逆变器停机，使得整个逆变器输出电流为0。逆变器主控板损坏问题案例的线上表征如图6-34所示。

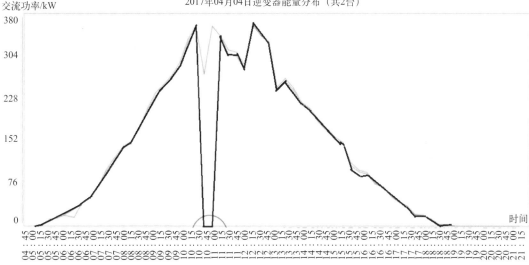

图6-34　逆变器主控板损坏线上数据表征图

4. 逆变器通信故障问题及案例

逆变器通信故障会导致通信中断，而通信中断会使得运维人员不能实时监控逆变器的运行状态和故障信息。当逆变器发生故障后，运维人员不能及时发现故障，易造成较大的能量损失。逆变器通信中断故障问题的线上数据表征图如图6-35所示。

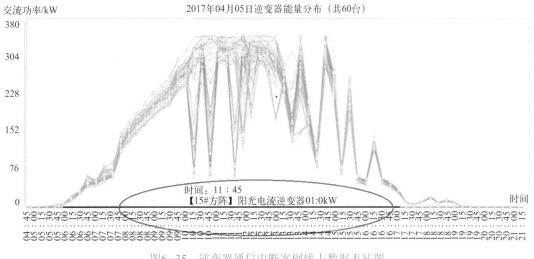

图6-35　逆变器通信中断案例线上数据表征图

6.1.6　环境监测仪常见问题及案例

安装错误和采集数据不准确是光伏电站环境监测仪的两个常见问题，表现为总辐射表安装倾角、方位角与组件不一致，直接辐射仪跟踪装置故障，散射辐射仪的遮光环不能全天遮挡太阳，安装总辐射仪的支架不是正南正北方向等。上述环境监测仪的问题会使采集到的辐射量不能真实反映电站实际运行过程中所接收到的辐射值，最终导致评价电站运行水平的各类指标，诸如PR（系统效率）、理论应发电量等指标计算结果不准确。环境监测仪出现问题后通常不会对电站的发电量产生直接影响，因而在光伏电站运维中常常会被忽视。光伏电站环境监测仪的问题案例如图6-36所示。

（a）总辐射仪安装倾角错误

（b）直接辐射仪跟踪装置故障

图6-36　光伏电站环境监测仪常见问题图

6.2　远程诊断提升发电量的案例

本节以甘肃某30 MWp光伏电站为例，讲解通过线上远程诊断来提升该光伏电站发电量的方法。

针对该光伏电站，从2017年4月24日至5月26日，进行了为期一个月的远程诊断，共发现缺陷87条，消除缺陷77条，实现电站当月发电量提升12.252 9万kW·h。通过线上远程诊断发现的故障缺陷问题情况统计如表6-1和图6-37所示。

表6-1　甘肃某30 MWp光伏电站远程诊断缺陷问题统计表

序　号	缺陷分类	缺陷总数/条	已消缺/条	消缺率/%
1	支路保险烧毁	62	62	100
2	组件功率异常衰减	3	3	100
3	电缆故障	9	1	11.11
4	逆变器转换效率低	1	0	0
5	数据采集模块异常	2	2	100
6	汇流箱通信异常	5	5	100
7	环境监测仪	2	2	100
8	其他	3	2	66.67
	合计	87	77	88.51

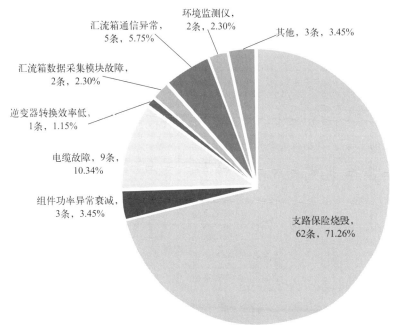

图6-37　甘肃某30 MWp光伏电站远程诊断缺陷类型统计图

1. 支路保险烧毁问题

通过线上远程诊断和线下现场检测，确认62条缺陷为支路保险烧毁，具体信息如表6-2所示。

表6-2　支路保险烧毁缺陷统计信息表

序　号	问　题				处理结果
1		01#逆变器	02#汇流箱	第2支路电流为零	已消缺
2	04#方阵	02#逆变器	10#汇流箱	第12支路电流为零	已消缺
3			11#汇流箱	第6支路电流为零	已消缺
4			16#汇流箱	第9支路电流为零	已消缺
5	05#方阵	01#逆变器	02#汇流箱	第13支路电流为零	已消缺
6			07#汇流箱	第1支路电流为零	已消缺
7	07#方阵	02#逆变器	06#汇流箱	第8支路电流为零	已消缺
8	09#方阵	01#逆变器	04#汇流箱	第3、8支路电流为零	已消缺
9			07#汇流箱	第8支路电流为零	已消缺
10		02#逆变器	13#汇流箱	第5支路电流为零	已消缺
11			11#汇流箱	第5、12支路电流为零	已消缺
12	10#方阵	02#逆变器	10#汇流箱	第8、9支路电流为零	已消缺
13			13#汇流箱	第3支路电流为零	已消缺
14	11#方阵	02#逆变器	10#汇流箱	第7支路电流为零	已消缺
15			11#汇流箱	第12支路电流为零	已消缺

续表

序　号	问　　题				处理结果
16	13#方阵	01#逆变器	14#汇流箱	第10支路电流为零	已消缺
17	14#方阵	01#逆变器	07#汇流箱	第7支路电流为零	已消缺
18	16#方阵	02#逆变器	06#汇流箱	第9、11、15支路电流为零	已消缺
19			10#汇流箱	第3支路电流为零	已消缺
20	18#方阵	01#逆变器	08#汇流箱	第9支路电流为零	已消缺
21	19#方阵	01#逆变器	14#汇流箱	第11支路电流为零	已消缺
22	20#方阵	01#逆变器	01#汇流箱	第3、12支路电流为零	已消缺
23			02#汇流箱	第11支路电流为零	已消缺
24			04#汇流箱	第3、6支路电流为零	已消缺
25			05#汇流箱	第2支路电流为零	已消缺
26			14#汇流箱	第2、13支路电流为零	已消缺
27		02#逆变器	06#汇流箱	第14、15支路电流为零	已消缺
28			10#汇流箱	第7、9支路电流为零	已消缺
29			13#汇流箱	第5支路电流为零	已消缺
30			16#汇流箱	第11支路电流为零	已消缺
31	21#方阵	01#逆变器	02#汇流箱	第11支路电流为零	已消缺
32	22#方阵	01#逆变器	03#汇流箱	第6支路电流为零	已消缺
33	23#方阵	02#逆变器	06#汇流箱	第2支路电流为零	已消缺
34	24#方阵	01#逆变器	01#汇流箱	第3支路电流为零	已消缺
35		02#逆变器	10#汇流箱	第4支路电流为零	已消缺
36			15#汇流箱	第10支路电流为零	已消缺
37	25#方阵	01#逆变器	03#汇流箱	第9、10支路电流为零	已消缺
38			05#汇流箱	第1支路电流为零	已消缺
39		02#逆变器	13#汇流箱	第9支路电流为零	已消缺
40		02#逆变器	15#汇流箱	第6支路电流为零	已消缺
41	26#方阵	02#逆变器	06#汇流箱	第4支路电流为零	已消缺
42	28#方阵	01#逆变器	03#汇流箱	第13、15支路为零	已消缺
43		02#逆变器	06#汇流箱	第9支路电流为零	已消缺
44			10#汇流箱	第10支路电流为零	已消缺
45			15#汇流箱	第9支路电流为零	已消缺
46	29#方阵	01#逆变器	02#汇流箱	第3支路电流为零	已消缺
47			04#汇流箱	第7支路电流为零	已消缺
48	30#方阵	01#逆变器	05#汇流箱	第12支路电流为零	已消缺
49		02#逆变器	12#汇流箱	第11支路电流为零	已消缺
50			16#汇流箱	第2支路为零	已消缺
51	17#方阵	02#逆变器	15#汇流箱	第15支路电流为零	已消缺

序　号	问　题				处理结果
52	18#方阵	02#逆变器	06#汇流箱	第13支路电流为零	已消缺
53	19#方阵	01#逆变器	04#汇流箱	第3支路电流为零	已消缺
54		02#逆变器	06#汇流箱	第1、2支路电流为零	已消缺
55	10#方阵	01#逆变器	02#汇流箱	第14支路电流为零	已消缺
56		02#逆变器	10#汇流箱	第4支路电流为零	已消缺
57			13#汇流箱	第10支路电流为零	已消缺
58			16#汇流箱	第9支路电流为零	已消缺
59	11#方阵	01#逆变器	02#汇流箱	第4、15支路电流为零	已消缺
60			14#汇流箱	第15支路电流为零	已消缺
61		02#逆变器	09#汇流箱	第4、6支路电流为零	已消缺
62			15#汇流箱	第3、6支路电流为零	已消缺

2. 电缆故障问题

通过线上远程诊断和线下现场检测确认反馈，共发现有9条电缆断裂或接地故障，具体信息如表6-3所示。

表6-3　电缆断裂或接地故障统计表

序　号	问　题				反馈信息
1	09#方阵	01#逆变器	02#汇流箱	所有支路电流为零	汇流箱输出直流电缆接地，重新布置接线
2	14#方阵	01#逆变器	05#汇流箱	第12支路电流为零	组件至汇流箱电缆中断，后续进行电缆更换处理
3	18#方阵	02#逆变器	15#汇流箱	第13支路电流为零	13支路电缆中断
4	24#方阵	01#逆变器	08#汇流箱	第1至11支路电流为零	5支路9支路存在汇流箱支路到组件电缆接地故障，已隔离故障，其他支路恢复运行，尽快更换电缆
5	25#方阵	01#逆变器	07#汇流箱	第1、3、5、7、9、10、11、12支路电流为零	10支路电缆中断，其他支路正常运行
6		02#逆变器	06#汇流箱	所有支路电流为零	支路正负极进线绝缘破损严重，已包扎处理，已投入运行
7	29#方阵	01#逆变器	05#汇流箱	第9支路电流为零	第9支路接地故障
8		02#逆变器	15#汇流箱	第4支路电流为零	检查发现4支路组件至汇流箱电缆中断，近日尽快处理
9			16#汇流箱	所有支路电流为零	检查发现1支路组件至汇流箱电缆中断，且汇流箱总输出电缆（正极）至直流柜电缆接地，近日尽快处理

第6章 光伏电站远程诊断问题及案例

3. 组件功率异常衰减问题

通过线上远程诊断和线下现场检测确认共发现3条支路电流严重偏低，电站反馈支路中存在开路电压偏低的组件，更换后电流恢复正常，具体信息如表6-4所示。

序　号	问　　题			处理结果
1	17#方阵	02#逆变器	11#汇流箱　第7支路在辐射较好时电流偏低2.3 A	已消缺
2			16#汇流箱　第2、10支路在辐射较好时电流偏低1 A以上	已消缺
3	14#方阵	02#逆变器	15#汇流箱　第4支路在11:30之后电流偏低其他支路5 A	已消缺

4. 汇流箱通信异常问题

通过线上远程诊断和线下现场检测确认共发现5条汇流箱通信异常，包括汇流箱通信线断裂或掉落缺陷，导致整台汇流箱支路电流不能实时监测，无法了解汇流箱实际运行状态。具体信息如表6-5所示。

表6-5 汇流箱通信异常缺陷统计表

序　号	问　　题				处理结果
1	07#方阵	01#逆变器	08#汇流箱	所有支路电流为零	已消缺
2	24#方阵	01#逆变器	02#汇流箱	所有支路电流为零	已消缺
3	02#方阵	02#逆变器	05#汇流箱	所有支路电流为零	已消缺
4			06#汇流箱	所有支路电流为零	已消缺
5	18#方阵	02#逆变器	15#汇流箱	所有支路电流为零	已消缺

5. 环境监测仪问题

通过线上远程诊断和线下现场检测确认环境监测仪存在2条缺陷，具体信息如表6-6所示。

表6-6 环境监测仪缺陷统计表

序　号	问　　题	处理结果
1	（1）电站的直接辐射仪跟踪装置有问题，光筒应该实时对准太阳。 （2）电站水平安装的两个辐射仪中，有一个辐射仪应该倾斜安装，且倾角与组件安装倾角一致，朝向为正南方向。 （3）目前电站有两块辐射仪都是水平安装的，但是从光电生产运行管理系统中发现采集到的辐射量差异较大，可能是其中一块辐射仪的采集装置精度有误	直接辐射仪跟踪装置光筒现已实时跟踪太阳，倾斜面辐射仪倾角还未调整，已经联系厂家尽快处理
2	电站环境监测仪在27日10:20、26日12点、12:05、12:20、12:30至12:50、13:05、13:20未采集到水平瞬时辐射值	通信装置电源正常，线路松动，现已紧固，通信恢复正常

6. 汇流箱数据采集模块故障问题

通过线上远程诊断和线下现场检测确认发现两条因汇流箱数据采集模块故障，导致采集到的支路电流异常，具体缺陷信息如表6-7所示。

表6-7　汇流箱数据采集模块故障统计表

序　号	问　题				处理结果
1	25# 方阵	01# 逆变器	08# 汇流箱	第11支路电流为零	修改测控板支路个数，已恢复
2	30# 方阵	01# 逆变器	04# 汇流箱	除12支路外其他支路为 恒值	修改测控板波特率后，恢复正常

7. 逆变器转换效率低问题

通过线上远程诊断和线下现场检测确认发现23#方阵01#逆变器的转换效率约为92%，较02#逆变器低6%左右，此类问题可联系逆变器厂家及时进行解决。

8. 其他缺陷

通过线上远程诊断和线下现场检测确认发现以下3类其他缺陷，分别为组串三通插头烧毁、支路输出电缆正负极短路、连接器插头损坏，具体信息如表6-8所示。

表6-8　其他缺陷统计表

序　号	问　题				处理结果
1	01# 方阵	01#逆 变器	03# 汇流箱	第10、11、15、16支路电 流为零	组串三通插头烧毁，无备件 未消缺
2	16# 方阵	01# 逆变器	01# 汇流箱	第5支路电流为零	组件支路输出电缆正负极短 路，已消缺
3	25# 方阵	02# 逆变器	09# 汇流箱	第3支路电流为零	连接器插头损坏，已消缺

习　题

1. 光伏电站的运维中远程诊断出的问题案例主要集中在哪些方面？

2. 在实际光伏电站中，光伏组件存在哪些方面的问题，在远程诊断中有哪些方面的表征？

3. 光伏电站运维中，斜单轴跟踪支架和连接器存在哪些方面的问题，在远程诊断中有哪些方面的特征？

4. 光伏电站远程诊断中，汇流箱和逆变器存在哪些方面的表征，在远程诊断系统中有什么样的表征？

5. 请列举和分享几个光伏电站通过远程诊断提升发电量的案例。

第
6
章
光
伏
电
站
远
程
诊
断
问
题
及
案
例

参 考 文 献

[1] 张清小，葛庆. 光伏电站运行与维护 [M]. 2版. 北京：中国铁道出版社有限公司，2019.

[2] 付新春，静国梁. 光伏发电系统的运行与维护 [M]. 北京：北京大学出版社，2015.

[3] 袁芬. 光伏电站的施工与维护 [M]. 北京：机械工业出版社，2016.

[4] 周志敏，纪爱华. 太阳能光伏发电系统设计与应用实例 [M]. 北京：电子工业出版社，2010.

[5] 李钟实. 太阳能光伏发电系统设计施工与维护 [M]. 北京：人民邮电出版社，2010.

[6] 刘文毅，杨勇平，张背国，等. 压缩空气蓄能（CAES）电站及其现状和发展趋势 [J]. 山东电力技术，2007（2）.

[7] 王长贵. 太阳能光伏发电实用技术 [M]. 北京：化学工业出版社，2005.

[8] 崔容强. 并网型太阳能光伏发电系统 [M]. 北京：化学工业出版社，2007.

[9] 张兴. 太阳能光伏并网发电及其逆变控制 [M]. 北京：机械工业出版社，2012.

[10] 李安定. 太阳能光伏发电系统工程 [M]. 北京：化学工业出版社，2012.

[11] 杨贵恒. 太阳能光伏发电系统及其应用 [M]. 北京：化学工业出版社，2013.